U0155854

脑科学
教养法

[日] 工藤勇一 　 [日] 青砥瑞人 著

陈强 译

北京日报出版社

第1章

如今教育现场正在发生什么

第2章

什么是心理安全感

第**3**章

创造让孩子感到安心的环境

第 **4** 章

什么是元认知

第 **5** 章

锻炼孩子元认知能力的方法

后记

如今教育现场
正在发生什么

工藤勇一

思考教育的本质

培养孩子的自我意识，把成长的权利还给孩子

时至今日，科学技术进步的速度，远远超出我们的想象。同时，经济结构和社会结构也发生了巨大的变化。在社会各个领域，如果我们过于拘泥过去的常识，就无法很好地与时代接轨。

然而，现代社会充满变数，人们在教育领域不得不一边试错，一边在迷惘中努力前行。

在这样一个快速变化的时代，对于个人来说，需要具备的最重要的素质之一就是自主思考和判断的能力，并将自己的想法付诸行动，我将其称为"自驱力"。

同时，世界的全球化和多元化日渐加剧，保护地球环境、消灭饥饿、消除纷争……这些都要求我们从全球化视角去思考。

因此，首先我们要承认存在多元化思维方式，具备"尊重他人"的基本素质。

我在千代田区立麹町中学担任校长期间，提出了"自驱力""尊重""创造"的教育目标。所谓"创造"是指"用丰富的想象力创造出新的价值"，这是人们在实现"自律"和"尊重"的基础上才能发展出的素质能力。

所以我认为，最重要的还是"自驱力"和"尊重"。

教育目标必须由学校、学生、家长和全体老师共同努力才能达到，这也是学校在运营中最应该重视的事情。遗憾的是，很多学校的教育目标已经流于形式，老师在教育过程中常常根据自身的价值观教导学生。也有不少学校的教育目标与时代脱节，仍强制孩子们实现这些目标。

若学校将最终目标定位为"帮助孩子们掌握社会生存的能力"，那么正确的做法，就应该是不断更新教育目标，使之与时代发展相适应。

顺便说一下，麹町中学的教育目标与OECD（经济合作与发展组织）所制定的教育方针"面向2030年的学习框架"（Learning Framework 2030）是相契合的，主要包括以下三种能力：

- Taking Responsibility 承担责任的能力（自主思考、判断，并采取行动→"自驱力"）；

- Reconciling Tensions & Dilemmas 克服对立、消除窘迫的能力（尊重多元化，接受对立和困境 = "尊重"→认同共同的目标）；

- Creating New Value 创造新价值的能力（创造新的架构和技术，解决与传统完全相反的课题→"创造"）。

OECD 认为在培养孩子这三种素质的时候，最重要的应该是"agency"。简言之就是"自我意识"。只有具备"自我意识"的孩子进入社会，才能创造一个幸福的社会。这应该是我们今后的教育目标。

缺乏自我意识的日本人

从根本上改变学校的教育方式，让孩子学会自主思考

现在，我们来看看日本。

日本财团 2019 年进行了"18 岁意识调查"，其中包含"社会意识和国家意识调查"（以 9 个国家 17~19 岁的 1000 名男女学生为对象，进行调查对比，相关数据发表于 2019 年 11 月 30 日）。

调查表明，中国约占 90%、欧美约占 80% 的年轻人认为"自己是大人"，而这一比例在日本只有不到 30%，不足中国、欧美的一半；认为"自己是有责任感的社会成员"的年轻人，其他国家都接近 90%，只有日本不到 50%；认为"自己可以改变国家和社会"的日本年轻人仅占 18%；认为"会与家人、朋友等身边的人积极讨论社会问题"的日本年轻人比例也很低，约占 27%。

综上所述，日本年轻人对所调查问题的正面回答比例显著较低。很多年轻人都认为，自己并不是对社会负有责任的大人，也不认为自己有能力改变国家和社会，所以对社会问题的关注度较低。

另外，该调查还设有其他问题。在"如何看待自己国家的未来"这个问题上，日本年轻人只有 9.6% 认为"会变好"，在 9 个国家中比例最低；而在"你想如何为国家做贡献"这个问题上，有 14.2% 的日本年轻人明确表示"不想为国家做贡献"，在 9 个国家中比例最高。

这项调查结果实在令人感到悲观。简而言之，调查结果表明，当今日本年轻人的确缺乏自我意识。

"社会和国家的未来也好，自己的幸福也好，总会有其他人来创造。"

"如果社会出现问题，或者自己遭遇不幸，那肯定是因为其他人导致的。"

在日本，接受学校教育的孩子们，很容易形成这种被动式思维。

当然，仅仅基于这些调查结果就认为"现在的年轻人很不像话"，从而将责任转移到孩子们身上，这种做法是不可取的，这只是孩子们缺乏自我意识的一种表现形式。我们应该明白，孩子们的意识反映的是父母的态度。

我们当下面临的紧迫问题，就是培养出更多能够摒弃被动式思维，学会自主思考，并做出判断、付诸行动的人。

我坚信，解决这一问题最有效的方法，就是从根本上改变学校的教育方式。虽然能力有限，但为了实现这一目标，我也在努力采取各种行动。

过度照顾孩子的父母

父母越是插手，孩子越难以发展自驱力

那么，为什么很多学校会培养出缺乏自我意识的孩子呢？

我认为，是因为父母对孩子管教过多。父母越是插手，孩子越难以发展自驱力，每当孩子遇到挫折的时候，就会将原本自己的责任归结于他人身上。比如，我们的早教依然处于过度关心孩子的状态。

"想给孩子提供良好的学习环境。"

"想帮助孩子提高能力。"

"避免使孩子陷于不利的处境。"

为人父母者，引导孩子奔向一个更好的未来是无可厚非的，但是若父母长期插手孩子的事情，"这也不能做""那也不能做""这也不行""那也不行",不给孩子自主决定的机会,就无法培养孩子自主思考的能力和挑战新事物的能力。即便在父母的帮助下,孩子顺利考入一流的大学,但是如果强烈依赖他人,孩子恐怕也无法依靠自己的力量在高度竞争的社会中独当一面。

被过度照顾的孩子,当遇到问题时,不会产生"这件事需要自己想办法解决"的心态,而是一心寻求"得到他人更好的帮助"。如果孩子没有获得预期的帮助,他们便会感到不满。

下面是大多数家庭在早晨常见的情景:

妈妈担心早上赖床的女儿迟到,去喊她起床。

妈妈:"不早了,起床了。"

女儿:"……"

妈妈:"赶紧起床了,一会儿迟到了可别怪我。"

女儿:"哎呀真烦,不要管我。"

妈妈:"行,那我不管你了。"

女儿:"真是太吵了。"

然后,女儿因为赖床而迟到。

女儿："为什么不喊我起床，我都迟到了！"

在上述场景中，女儿因为习惯了妈妈的"叫醒服务"，所以迟到后就会把责任归咎于妈妈。如果孩子们习惯了父母的保护，那么他们在所有事情上都会表现出类似的反应。

有的学生还会发表下述言论，这应该引起我们的关注：

"那个老师的教学方法不行，所以我没办法学习。"

"都怪那个班主任，我们班的人际关系很糟糕。"

"这所学校没提供应有的帮助，所以我才没法融入班级生活。"

如果孩子反复说出这些话语，则表明其一旦遭遇挫折，往往会把过错归咎于他人，而且这类孩子有一个共同点，就是讨厌自己，充满自卑感。讨厌自己的孩子也无法喜欢别人，甚至在中学里很多孩子也有"讨厌老师""讨厌父母""无法信赖大人"等想法。

麹町中学的教育工作者一直在努力思考如何才能让失去"自驱力"的孩子重新获得自主思考、付诸行动的能力，以及如何才能让孩子喜爱自己、尊重他人。

将方法目的化的教育方式，
会忽略教育的本质

教育最终的目的，是让孩子喜欢学习、主动学习

文部科学省[1] 提出的最高层次教育目标是将孩子们培养成具有自驱力的人，并具备生存的能力。然而，这种教育观点在实践中完全没有得到落实。不仅如此，学校长期明显存在阻止培养孩子们自驱力的教育方式，学校过度服务的现象也在不断加剧。究其原因，就是在教育的各个方面，都产生了将方法目的化的现象，最典型的表现就是将笔试成绩作为最重要的评判标准。

文部科学省所颁布的《学习指导要领》中明确指出，在教育中应该协调智育（学习）、德育（道德）、体育三者的平衡，将孩

1　日本中央政府行政机关之一，负责统筹日本国内的教育、科学技术、学术、文化和体育等事务。

子培养成具有自驱力的人。我们且先不说这个目标是不是最好的教育目标，实际上，在教育的过程中学校往往极端偏向智育。很多学校的教育目标仅是提高学生的考试分数，因此竭尽全力向学生灌输知识，并想方设法地提高学生的应试能力。

如果意识不到"学校以提高学生的考试分数为教育目标"是一种错误的教育观念，那么这种错误的教育方法今后会影响孩子的成长。

原本孩子们应该通过自己的判断，对那些"这里不太理解，需要重新学习一遍"的知识，在必要时进行自主复习。但是，老师们往往会在这时进行干预，把复习变成命令，这就导致孩子们无法自己甄别哪些知识需要进行复习，哪些不需要，更无法靠自己的意愿学习。

另外，为了提高学生的考试分数，大部分学校都采取了增加学习时间的方式。如果长期采用这种方式，就会将方法目的化，产生"只有长时间坐在书桌前学习，才能提高分数"的错误认识。

我们回到正题，在OECD的国际学生能力评估调查中，日本学生的学习能力远远落后于芬兰，所以日本的学校不但大量增加学生的作业，而且增加了很多重复性练习，最终日本学生的学习能力超过了芬兰。

但是理性来看，其实芬兰的学校原本作业就不多，学生们放学后也不去参加补习班。重视孩子们的自主性、允许他们探索与自身相适应的学习风格和学习方法，已经在芬兰达成了共识。另外，芬兰在教育制度上也贯彻落实了这种教育思想，所以孩子们可以同时实现自驱力和学习能力双方面的提高。顺便说一句，在《世界幸福指数报告》中，芬兰已经连续多年是幸福指数最高的国家之一。

日本的学校也应该像芬兰那样，思考如何用较少的时间提高教育成果，然而，日本的学校一直想要通过增加学生的学习时间来取得效果。这种做法不仅忽略了教育的本质，而且与教育改革背道而驰。

在日本，在教育过程中还有很多将方法目的化的例子：

· 强制学生记课堂笔记，并进行检查、评分；

· 强制学生写日记，每天进行检查；

· 为了给学生打分而定期测试；

- 建立班主任制度；

- 要求学生写作文（今年的理想、节日活动等内容）；

- 学年初要求学生制订个人目标，并在教室墙上公开展示；

- 在道德教育上更注重培养孩子们正确的思考方式，而非孩子们犯错后，对其错误行为进行批评；

- 在学生着装、发型的要求上常常制定不合理的校规；

- 让学生参与校刊制作，只是为了锻炼学生的协作能力，但几乎没人去阅读；

- 喜欢提出年级目标、学年目标等口号；

- 重视让学生参与课外活动，但没有培养学生的领导能力；

- 教师每天早晨都会在校门口迎接学生入校；

- 要求学生安静打扫，安静用餐。

我更希望大家能够从以下三个方面重新审视"将方法目的化"的行为：

1.是否存在不利于培养孩子的自驱力和尊重他人的教育行为？

2. 是否有目标不明确的教育活动？

3. 是否有无效、无意义的教育活动？

麹町中学在进行改革的时候，一直牢记上述三点，孩子、家长、老师共同投身于制度改革中，并逐渐废除上述多条将方法目的化的教育措施。

对于这一系列改革，人们都认为"麹町中学重视学生的自由"，但是我们改革的目的并不是让学生获得更多的自由，而是想要回归教育的本质，重新理解学校让孩子们自主处理问题的教育方式，摒弃不需要的东西而已。

如果学校组织毫无目的性的活动，那么学生们一开始便会产生疑问，他们也会直接提出意见。但是，如果老师一直压制学生的不满，学生将逐渐习惯于默默忍受不理解的规矩，不再产生任何疑问。

不过，这样的孩子能否具备自我意识、形成主动解决各种问题的能力和态度？

在麹町中学的 6 年间，我一直秉持"一边思考教育的本质，一边摆脱传统的教育模式"这个信念一路前行。

认识脑科学

大脑活跃的孩子，更勇于接受挑战

当麹町中学的改革如火如荼地进行时，神经科学的专家青砥瑞人先生突然来到校长办公室。青砥瑞人先生是一位精力充沛的青年，他热情地向我讲述什么是神经科学，以及大脑有什么特性，并告诉我在教育中应该充分利用大脑的特性，但是我对脑科学一无所知。

以邂逅青砥瑞人先生为契机，我们成立了一个摆脱传统研究方法、不断从错误中总结经验的实践研究会。该研究会将"以神经科学为依据，探究学校教育的本质"作为发展主题，以大阪市立大空小学首任校长木村泰子老师为首，通过在 Facebook 等社交媒介上开设平台，聚集全国（日本）范围内对神经科学感兴趣的人，通过运用脑神经科学知识，对学校运营体系、教育环境、教育过程、人才培养方法等问题进行颠覆性的研讨。

正是在脑神经科学的主导下，这次实践研究，麹町中学总结出教育孩子的"三句箴言"，这在其他学校还没有开始实施。关于这三句箴言的内容，我们将在下文进行解释。

本书是我们对历时 3 年的研究成果的总结。

我们在研究会上经过反复讨论，确立了两个关键词，即本书的两大主题——"心理安全感"和"元认知能力"。本书前半部分讲述心理安全感，后半部分介绍元认知能力，这两部分密切相关。

最近，在商业领域也常常提到"心理安全感"。青砥先生对心理安全感进行了说明。青砥先生认为，人的大脑要想进行深度思考，或是做出理性的判断，就必须处于心理安全的状态。在这一观点的指导下，"当下学校环境是否真的可以令学生感到安心？告诉学生'即使失败也没关系'，难道不是学校和父母的责任吗"，这将成为研究会的一个重要主题。

不过，虽然心理安全感对提升孩子的思考能力具有重要的作用，但是当孩子进入社会后，仍然会面临各种压力。如果学校不给学生施加任何压力，就无法培养学生克服各种压力的能力。

所以，重要的是，在"即使失败也没关系"的环境下（尽量使大脑处于活跃的状态），应该让孩子们积极地去体验各种麻烦事。这时候，我们就可以发挥"元认知能力"，将诸如纠葛和失败等负面记忆转变成积极的学习经验。

关于"元认知能力"，青砥先生将在下文进行详细的说明。通过研究"元认知能力"，我最大的收获就是明白"元认知能力"可以让人认清自我，并且往更好的方向发展。麹町中学将"元认知能力"定位为学生自驱力的核心素养。"元认知能力"不仅可以提升人们解决问题和实现目标的能力，而且能够提高人们在面对问题时的心理安全感。可以说，孩子们处于激烈变化的时代，都应该具备"元认知能力"。

我要事先说明，本书并不是一本学校改革手册。学校应该如何改革、从哪里着手改革、按照什么顺序改革，每个学校都应该按照自己的教学实际有不同的解决方案。本书也对教育改革的相关经验进行了总结，以便父母阅读后可以更高效地教育孩子。

希望本书能够引起反响，以本书的出版为契机，在学校和家庭引发建设性的讨论，形成"探究教育的本质""尝试以孩子为主角的教育"等全新的教育理念。

第 **2** 章

什么是心理安全感

——压力和大脑机能的工作机制

青砥瑞人

什么是神经科学？

将孩子的大脑培养成"主动实现自我成长的大脑"

　　神经科学，英文是"neuroscience"，是一门从分子层面、细胞层面分析人类大脑结构，并通过分析结果改善人类医学和社会生活的新兴学科。神经科学在日本尚未被人们熟知，不过在医学和药学界早就引起了人们的关注，在人工智能和人才培养方面也受到重视。我在美国加利福尼亚大学洛杉矶分校（UCLA）学习神经科学，之后回到日本，希望将自己所学的知识应用于教育领域，使神经科学为人才培养工作服务。

　　"有必要特意将神经科学引入教育领域吗？"

　　在日本进行演讲和参加研究活动时，经常有人问我这个问题。提出问题的教育专家们确实拥有丰富的经验，但是，这些经验对过去来说，也许是正确教育方式，对未来来说，只能算是未曾经过验证的"假设"。既然人们已经从科学的角度阐明了大脑的工作机制，那么，利用这些研究成果对经验的假设进行验证，或者从神经科学的角度重新审视教育的本质，这些尝试在教育界具有重大意义。

无论是思考、记忆，还是感知事物，都需要大脑的参与，这一点毋庸置疑。思考和记忆会极大地推动人们的成长和学习。另外，人们的感知行为也与幸福密切相关，这一点也毋庸置疑。

我认为"学习"和"幸福"这两点才是教育的终极目标。也就是说，我们应致力于将孩子的大脑培养成"能够主动实现自我成长的大脑"和"能够率先创造幸福状态的大脑"。

快速发展的"大脑可视化"

了解大脑的特性并进行积极的应用，能更加了解自己

那么，请允许我说明神经科学的概况。

在生命科学的领域中，有一个叫 PubMed 的庞大数据库，可以检索全世界的医学论文。下图按年度对 PubMed 上神经科学的相关论文进行了整理，通过图我们可以看出，2010 年以后，神经科学的相关研究论文开始快速增加。

神经科学快速发展的原因在于科学技术的发展。以前也有以大脑为研究对象的学科，对于大脑具体通过怎样的机制工作，以及这种工作机制与人们的思考和情感之间有怎样的关系，虽然人们提出了各种假设，但一直无法进行验证。

从 2010 年开始，人们发现了可以使细胞发光的绿色荧光蛋白（GFP，即 "Green Fluorescent Protein" 的简称），相关研究由

神经科学论文总数的演变

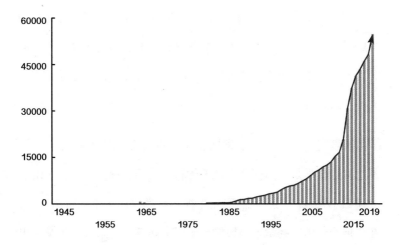

出处：本信息出自美国国家生物技术信息中心热门资源的生物医学文献书目资料库中的神经科学论文检索数据。

此实现飞跃式发展。很多人应该记得，下村修博士因为发现和研究绿色荧光蛋白（GFP）而获得 2008 年诺贝尔化学奖。人们发现 GFP 之后，开始将其应用于医学和生物工程学领域，之后逐渐应用到神经科学领域。

绿色荧光蛋白（GFP）的广泛应用，使人们可以从细胞层面对大脑进行着色，便于可视化，对大脑工作机制的研究也取得了快速的发展。虽然之前也有功能性磁共振成像（fMRI）、脑电图

（EEG）、正电子发射计算机断层显像（PET-CT）等大脑可视化技术，但是这些技术并不能完全掌握细胞层面的相关情况。

在绿色荧光蛋白（GFP）被广泛应用之前，大部分论文提到神经科学，都是关于阿尔茨海默病这类神经疾病的研究。但是从2010年起，神经科学开始朝着"研究整个大脑"，甚至是"了解人类"的宏大目标迈进。

神经科学最初在医学领域和药学领域的应用效果十分显著。不过神经科学是一门探究人性的学科，应用领域自然不会仅限于上述两个领域。之后人们率先将神经科学应用于市场营销行业，在"神经营销"的学术领域掀起了巨大热潮。后来神经科学又出现在各种新的应用领域，包括将神经科学应用于教育行业的"教育神经科学"。2020年前后，教育神经科学开始成为哈佛大学等前沿高校的研究对象。

神经科学尚处于发展中，人们还没有掌握关于大脑的所有奥秘。但是，得益于基础研究的进步，人们对大脑特性的研究取得了丰硕的成果。

了解大脑特性并进行积极的应用，是现阶段神经科学的基础，也是本书的观点。

那么，对于现在已经了解的神经科学知识，如何具体应用到教育中呢？以工藤校长为首的多位教育者就这一问题进行了反复研讨，并将解决措施总结为两个关键词："心理安全感"和"元认知能力"。

本章首先就心理安全感进行论述。在具体论述前，我想向大家讲一讲大脑的三个特性，这对我们从整体上理解人类大脑的特性是至关重要的。

这些特性不仅有助于我们理解心理安全感和元认知能力，而且能够解释为什么我们在生活中容易遇到一些问题。相信很多人可以通过了解大脑的三个特性而得到答案。

大脑原理① "用则进步，不用则退步"

越多地使用大脑，大脑就越灵活

人类的大脑有一种叫作"use it or lose it"的工作原理，翻译过来就是"用进废退"，用则进步，不用则退步。

人类大脑的神经细胞数量巨大，大约有 1000 亿个。大脑之所以能够记忆、处理各种各样的信息，就是因为神经元与神经元之间，通过无数个突触"链接"在一起。这种"链接"并不是实际上连接的，而是通过突触，把神经元上的电信号传递到下一个神经元。当大脑记忆、处理信息的时候，平时常用的神经回路便可以维持活动的状态，但是没有使用的神经回路并不会处于休眠状态，而是自动关闭。

我们可以将这些神经回路想象为野兽出没的山间小道。由于野兽多次从小道经过，道路旁的野草和树枝等障碍物不断减少，于是道路很通畅，走这条道的动物自然多了起来，小路就会越发通畅。但是反过来，若没有动物走这条道，时间一长，小道便会杂草丛生，难以前行，最终整条道路无法通行。而道路一旦堵塞，想要重新开辟就要花费很大的精力。

大脑中也会发生类似山间小道的事情。越是常用的神经回路，电信号越能畅通无阻，不常用的神经回路则会被大脑抛弃。之所以这样，是因为大脑对能量的利用效率非常敏感。

大脑质量约占人体重的 2%，但是大脑却要消耗人体所用能量的 25% 左右。由于大脑要消耗很多能量，所以在构造上便形成了尽量不浪费能量的功能特征。

例如，大脑里布满神经回路。在这些神经回路中，有一种称为髓鞘的类似绝缘体的物质。电信号通过髓鞘内侧（轴突），人们便可以在大脑内部进行各种信息交换。不过，随着神经回路使用频率的增加，髓鞘也会逐渐变粗。髓鞘变粗后，电信号通过轴突时泄漏的概率便会减少，也就是说，能量效率会得到提升。

假如大脑处理某个信息最初只需要 10 个单位的能量，但是只要对该信息进行多次处理，大脑就会发生变化，变成只需要 3 个单位的能量就可以传递相关信号。维持髓鞘较粗的状态也要消耗能量，所以那些不常使用的神经回路便会不断变细。

在我们日常生活中，这种大脑处理信息的方式有一些明显的表现，最具代表性的就是所谓的"习惯"。比如，我们光顾常去的咖啡店时，会发觉自己总是坐同一个位子、喝同一种饮料。这就是大脑通过我们的行为收集到"在这家咖啡馆坐这个位子、喝这种饮料感觉很舒服"的证据。

不仅是习惯，思维、感知、举止等也是如此。一个人习惯性的思考模式、言行模式都是由"高效消耗能量的神经回路"无意识选择的结果。

大脑将人们在无意识间选择的神经回路设定为默认模式的神经网络。所谓默认就是初始值的意思，而哪条神经回路会按照初始值进行工作，是由大脑对过去的记忆所决定的。如果大脑在日常生活的所有方面都全力运转，会消耗大量的能量，所以大脑为了节能运转，会交由默认模式下的神经网络进行决策。

不过默认模式的神经网络也有缺点，它也可能会默认人们的坏习惯，这一点需要引起我们注意。

即使经过理性思考，大脑判断这件事是糟糕的，但只要大脑用默认模式神经网络将该行为应用一次，大脑就会在无意识间使用这种神经回路进行活动。

我们必须在默认模式神经网络的基础上，借助所谓"意愿"和"理性"的力量来打破这种局面。这时所使用的大脑神经网络群被称为"中央执行网络"，关于这个网络，我会在下文进行说明。总之，这是通过大脑中负责最高层次机能的前额叶皮质，来掌控大脑整体运作机制的一种状态。

平时不经常使用的神经回路，能量效率自然不高，我们一定要牢记这一点。我们在放松的时候，总会下意识地使用平时习惯的神经回路，为了持续保持这种意识，能量会被大量消耗，所以让人感到疲惫。

因此，人们很难改变自己的行为习惯。在 10 岁之前，大脑神经回路的连接十分柔软，可以进行改变。但是 10 岁之后，如果人们想要改变已经连接好的神经回路，就没有那么容易了。但是，也并非完全不可以改变。

我们可以借助第三者的帮助和大脑构造的力量，不断用新的神经网络进行信息处理，使其积累行动的经验，这样就会使细胞分子结构发生变化，从而提升神经回路的能量利用效率。如果我们持续这种行为，最终形成默认神经回路，我们的状态也会随之发生变化。

在此，我们重新梳理一下"用进废退"这一原理的重要内容：

- 一个人过去的体验和记忆会塑造大脑的（思考和言行）模式。

- 大脑的模式一旦形成，短时间内很难发生急剧变化。

- 若想要改变大脑习性，就必须"有意识地""有耐心地"不断塑造新的神经回路。

大脑原理② 人的意识是有限的

集中注意力，避免给大脑增加不必要的压力

大脑的信息处理能力是有限的，远没有我们想象中那么强大，我们要了解大脑的这一特性。

大脑中有一种工作记忆，这种工作记忆就像处理信息的工作台一样。由于可以同时使用的工作记忆有限，大脑无法处理超出工作台负荷的信息，这就需要我们"有意识""多留心"，来决定"将哪些信息应用到工作台上"。

人的五官不断向大脑输送信息，但是大脑只能意识到这些信息的千分之一（只有千分之一的信息能被大脑处理）。

我们假设：大家一边听音乐，一边享受按摩，再加上读书、吃点心。在这种情况下，大脑不可能同时处理4件事情。当我们将注意力集中在听音乐上，大脑就无法提取书本上的文字信息，而当我们将注意力集中在品尝美味的点心上时，按摩带来的愉悦感就会游离于意识之外。

当我们明白人的意识是有限的，就会明白浪费这种有限的意识是一件多么可惜的事情。如果大脑的工作台一直处于信息繁杂、精神压力大、忧心忡忡等多种混乱的状态，那么人就无法进行深度思考，也无法集中注意力。

我们将在下一章对元认知进行特别说明。元认知将会处理对大脑有很大负担的信息，因此，如何避免给大脑增加不必要的压力，就成了非常关键的问题。

大脑原理③ 人本来就容易产生负面思考

父母的过度批评，让孩子陷入自我否定

大脑的第 3 个原理，是大脑原本就具有使人陷入自我否定的特性，用专业术语来说就是"负面偏好"。我们在生活中常常会说"那个人的思想很负面，这个人的思想很正面"，但实际上人很容易陷入负面思考。

人之所以容易陷入自我否定，主要原因有两个，其中之一就是大脑具备"错误检测机能"，我将在下文详细说明。另外，大脑的前额叶皮质有一个特定部位承担着"外部错误检测机能"，这个部位不仅可以检测计算错误和错字、漏字，也有看穿别人缺点和弱点的机能。

另外，大脑中还有一个与前额叶皮质不同，被称为前带状皮质的部位，具有"个人错误检测机能"。这是一种先天性机能，目的在于提醒人们注意自己的缺点和弱点，并且对自身出现的异常变化发出警告，以提升人的生存概率。

我们可能会认为，大脑既然具备"错误检测机能"，那么要是再有一个机能可以自动检测出自己和他人的优点就更好了（我在学生时代就是这样想的），不过在大脑任何地方都没有发现这种机能（人们需要有意识地找出自己的优点）。

也就是说，人其实是这样一种生物：如果对人不加干预，放任不管，那么人就会挑自己或他人的毛病。

人们容易陷入自我否定，是大脑的记忆调取方法导致的。大脑通过前额叶皮质做决定的时候，需要一边调取过去的信息，一边进行综合性判断。在这种情况下，人们往往更容易想起负面记忆，而不是正面记忆。

例如，一个新业务员进行了 5 次商务洽谈，其中有 4 次都成功了。仅从概率来看，他的成功率是 80%，按理来说他在接下来的商务洽谈中会信心十足。但事实上人们往往不会如此，因为他在那 20% 的失败洽谈中有了被对方痛骂的不愉快体验，再加上前面所说的大脑错误检测机能，在之后的商务洽谈中，往往还没开始行动，他就已经产生了不安的情绪。

正如我们常说的"人是感情动物"，无论人们如何理性思考，都很难脱离感情而做决定。

人们本来就容易陷入负面思考，不难想象，如果大人随意对孩子批评或者否定，会对孩子的成长造成多么恶劣的影响。

比起表扬，孩子们对批评会更敏感，并不是大人认为的"批评完孩子之后，只要给予同等的表扬就行"。

很多时候，被别人否定，这种负面记忆就会在大脑中储存，人们就会认为这是自己的缺点，并对之进行"过度解读"。进而在"用进废退"原理的作用下，这种认知神经回路被强化，许多孩子就会变得极度自我否定，失去自信心，也很难产生挑战新事物的勇气。

要想将这种负面思考转变为正面思考，我们需要具备掌握自身状况的能力，即元认知能力，这一点我们在下一章进行讨论。接下来，我们来说明心理安全感。

因谷歌而著名的"心理安全感"

当人们处于心理安全状态，大脑会更活跃

最近我们常常听到"心理安全感"这一概念。从字面上看，所谓心理安全感即"心理安全状态"，而与它相反的词则是"心理危险感"。

首次提出"心理安全感"这一概念的，是在哈佛商学院从事领导力与管理学研究的艾米·C.埃德蒙森（Amy C. Edmondson）教授。1999 年，埃德蒙森教授发表了一篇论文《工作团队的心理安全感与团队学习行为》（*Psychological Safety and Learning Behavior in Work Teams*），他的著作《协同：在知识经济中组织如何学习、创新与竞争》（*Teaming: How Organizations Learn, Innovate, and Compete in the Knowledge Economy*）等书也很有名。埃德蒙森教授宣称，如果我们在职场想要发挥个人能力，确保心理安全感是关键因素，因此他认为在团队中营造一个"不被否定的环境"是至关重要的事情。

　　谷歌公司将这一观念普及到全国（日本）。谷歌公司运营了一个网站，该网站分享了众多与企业管理、人力资源管理相关的经验。2015 年，谷歌公司发表了研究报告《成功团队的 5 个关键要素》，其中首要关键因素就是心理安全感。报告中引用了心理安全感的定义，写下"能否让团队成员放下不安和羞耻，敢于采取具有冒险性的行动"这样的观点。

　　那么，心理安全状态下的大脑，究竟会呈现怎样的状态呢？我们从神经科学的立场简要说明。

　　人的大脑中有一个前额叶皮质的部位。前额叶皮质是从额头内部到头顶的一大片部位，是大脑中担任思考和决策、感情控制等各种高阶功能的重要部位。因此，前额叶皮质常常被称为"大脑的指挥部"。

　　研究证明，如果人们处于心理安全状态下，前额叶皮质很容易频繁活动。不过，与其说处于心理安全状态的前额叶皮质"比平时更有活力"，不如说前额叶皮质机能原本就"不容易被干扰"。相反，如果人们处于心理危险状态，前额叶皮质的机能便会明显下降。

　　所谓"心理安全状态"，实质上也可以理解为"让心理摆脱危险状态"。埃德蒙森教授主张"不否定别人"的团队管理规则，目的是创造可以让成员们的前额叶皮质自在活动的环境。

大脑一旦感到压力，会有什么反应？

过多的压力，容易使人进入心理危险状态

如何区分心理安全状态和心理危险状态呢？其实关键在于"压力"。

我们平时常常会提到"压力"这个词，但是当被人问到"压力究竟是什么"的时候，我们又会意外地发现很难用语言描述压力。所谓压力，是由于"与平时状态不同"而导致的身体、精神内部环境的变化。人体内部有一种叫作"体内平衡"的机制，这种机制一直在努力维持人体内稳定的生理状态，所谓的压力就是这种"体内平衡"的感知状态出现了偏差。例如，不擅长在众人面前讲话的人，只要登台的次数多了，就会感到压力变小，那么对于这个人来说，所谓"与平时状态不同"的情况便会发生变化。

　　人们一旦感到压力，大脑的下丘脑首先会有反应，然后脑垂体会有反应。脑垂体位于丘脑下部的腹侧，负责调节荷尔蒙的小部位发生反应，这时脑垂体会分泌刺激"肾上腺皮质的荷尔蒙"，而接收到刺激的肾上腺皮质就会分泌出皮质醇，皮质醇是一种激素。（肾上腺皮质，是构成肾上腺外层的内分泌腺组织）

　　皮质醇又被称为压力荷尔蒙，它可以通过血液流经全身各处。人们在感到压力的时候，会心跳加速、冒冷汗、胃痛、两腿发抖等，这是因为受到了压力荷尔蒙的影响。

　　这种压力荷尔蒙也会随着血液循环进入大脑。大脑细胞里有一种可以阻挡压力荷尔蒙（同压力荷尔蒙结合）的受体，当压力荷尔蒙进入大脑中，这种受体便会发挥作用。

　　通常，接收压力荷尔蒙的有两类受体，为了便于理解，我在此分为类型 1 和类型 2。

　　类型 1，受体擅于"躲避"压力荷尔蒙，在压力荷尔蒙较少的情况下，类型 1 具有优先活动的特征。也就是说，大脑可以接受少许压力。但是，如果压力荷尔蒙过多，情况就会有所改变，此时，原本一直没有动静的类型 2 就会"应声"而动。类型 2 同压力荷尔蒙的亲和性较低，会影响大脑的各个部位。

受类型 2 影响较大的部位是杏仁核。杏仁核掌控我们的情感，也具有两种类型的受体。研究表明，当杏仁核中两种类型的受体全进入运转状态时，杏仁核便会过度活跃，进而会发生各种反应来保护自己的生命。

简言之，杏仁核一旦检测到过剩的压力荷尔蒙，便会向大脑发出"紧急警告"。而接收到紧急警告之后的大脑状态，就是所谓的心理危险状态。

大脑战斗或逃跑的反应

心理危险状态，会触发我们的应激反应

人们处在心理危险状态时的典型反应被称为"战斗或逃跑反应"（Fight or Flight Response）。"Fight"指战斗，"Flight"指逃跑。也就是说，人们在遭受过度压力的时候，会出现"进入战斗模式"或"进入逃跑模式"这两种极端反应。所谓"紧要关头采取的行动"实际上是"战斗或逃跑反应"的结果，这是一种非常原始的反应，是从远古时期，我们的祖先在热带草原上生存以来都不曾改变的反应。

同时，人们在进入心理危险状态时，为了摆脱眼前的危险，会启动将血液只集中于必要器官的机制。这样会产生什么结果呢？那就是血液不再经过前额叶皮质，前额叶皮质的控制会暂时失效。

现代人可能会认为，大脑"面临危机时才需要理性（前额叶皮质）"，但大脑实际上并不是这样运作的。在面临危机时，大脑会切换到"新大脑"的回路，比更本能的"旧大脑"更活跃地运作，这才是人类大脑原本的运作模式。

从生存本能的观点来看，这种大脑反应并非坏事。"战斗或逃跑反应"和"前额叶皮质失控"都是符合常理的。比如，我们在森林散步时，茂密的丛林中突然出现一只巨大的熊，我们此时应该不会悠闲地想："啊，是熊！实在太稀奇了，要不拍张照片传到 Instagram[1] 上吧，不知道是否会有人点赞呢……"大脑形成了一种类似于条件反射一样的发出命令的机制，告诉我们"别想了，赶紧进入战斗模式"，或者是"赶紧逃命"。

另外，人们在面临恐惧的时候，也会出现"愣在原地"的反应，因此"战斗或逃跑反应"也被称为"战斗或逃跑，或惊呆反应"。人们之所以会惊呆，原因之一就是前额叶皮质无法应对突发的情况，发出正确的指令，导致人们陷入思考停滞的状态。

顺便说一下，在麴町中学研讨会上谈到这个话题时，大空小学首任校长木村泰子老师敏锐地指出，人的惊呆反应同自杀具有

1　一个应用软件，可理解为照片墙。

关联性。

如果一个人想要自杀，周围很多人会觉得"他为什么要这样做""完全看不出来他想要自杀"，但是，这只不过是周围人对这个人"平时"的印象。但凡一个人能确保自己的心理安全感，能够做出理性的判断，他就会觉得自己"不可能做出自杀这种愚蠢的行为"。但是，如果一个人承受过多的压力，心理就有可能会产生极大的变化，从而出现极端的行为，这种可能性其实隐藏在每个人的心中，需要我们充分认知。

因处于心理危险状态
而丧失的大脑机能

处于心理危险状态，前额叶皮质功能下降

当人们处于心理危险状态时，前额叶皮质的机能降低，那它到底具有什么特性呢？我在此给大家介绍前额叶皮质的主要机能。前额叶皮质大概占大脑皮质的 1/3，它承担的机能是错综复杂的，我无法全面的解释，不过，我认为可以在教育和育儿方面给我们带来非常重要的启发。

机能① 背内侧前额叶皮层负责结合 "现实思考和推论"和"错误检测"（dmPFC）

大脑机能丧失，人们容易出现异常反应

前额叶皮层有一个区域叫 dmPFC，这个区域负责"结合现实思考和推论"以及"错误检测"等机能。

所谓"结合现实思考"是针对现实情况进行推论的机能。比如，一个看起来焦虑不安的人，如果我们做了让他心情不好的事情，那么这个人就会怒火中烧。"错误检测"就像前面说明的那样，是指发现他人的错误，或者像是在使用 EXCEL 表格时，一旦发现输入错误，就会出现错误提示。

如果大脑丧失了这些功能，那么人就会失去结合现实对行为进行推论的能力，从而产生平时不会出现的言行举止，他有可能会对周围人发脾气，或者给别人带来麻烦。另外，如果"错误检测"机能无法运行，在那些对准确性要求高的精细作业中，就有可能出现接连不断的失误。

此外，在神经科学领域，dmPFC 也会被使用为记号，用来标记大脑特定的"区域"。本书接下来会多次出现 PFC 这个记号，即"Prefrontal Cortex"的缩写。"dmPFC"的"d"是表示"背侧"的"Dorso"的首字母，"m"是表示"内侧"的"Medial"的首字母。因此，"dmPFC"是"背内侧前额叶皮层"的缩写。但是，在一般人看来，这个词给人的印象只是一个记号，所以本书采用神经科学的简洁记法，用英文缩写进行指代。

机能② 有意识的注意和思考（dlPFC）

要想发挥自我控制能力，先要处于心理安全状态

第二项机能在神经科学界被称为"由上而下的意识指导"，指的是有意识的注意和思考。简单来说，就是指"让大脑专注的能力"，这种机能由 dlPFC 这个区域控制。

例如，人们之所以能够阅读并理解本文，就是因为 dlPFC 发出了"将注意力集中在本书的内容上"的指示，然后大脑其他部分服从了该指示，用专业的说法就是大脑处于"dlPFC 的控制状态中"。

我们可能会认为"将注意力集中在某件事上是理所当然的"，然而就像前面大脑原理①和②中所说明的，大脑特别容易陷入无意识的思考或言行举止的模式中。但是，人的意识是有限的，因此，能够控制大脑进行"集中注意力到某处""使用不同寻常的

思考回路"等，这些是高级的大脑机能程序了。

　　因此，我们在发挥自我控制能力，也就是元认知能力的时候，首先要确保自己处于心理安全状态，并且让"由上而下的意识指导"机能充分发挥作用，这是非常重要的。

机能③ 抑制不恰当的行为（rlPFC）

当大脑压力过大时，人们容易做出不恰当的行为

"遇到这种状况的时候，这样做是好还是坏？"我们的大脑通过日常体验，慢慢地进行学习判断。大脑通过输入（言行）与输出（结果）的组合，学习判断的过程，称为"模式学习"。

被称为 rlPFC 的区域，位于大脑前端。rlPFC 可以基于模式学习所学到的经验，向大脑发出指令，对大脑不恰当的行为"踩刹车"，这就是我们会在平时采取理性行为而不是反社会行为的原因，这都得益于模式学习的数据（记忆），还有 rlPFC "踩刹车"的功能。

但是，如果大脑遭受巨大的压力，这种"踩刹车"的功能就会失灵，人们容易做出不恰当的行为。相信每个人都曾经有"为什么说那句话""为什么做那件事"这样懊恼不已的经历，这

是由于大多数人压力过度，前额叶皮质的机能不能正常运作导致的。

　　有些人在喝酒后性情大变，甚至出现暴力行为，原因也是类似的。在饮酒后，人们性情变化的诱因不是压力，而是酒精。摄入过量的酒精也会使前额叶皮质的机能下降，平时被理性（rlPFC）抑制的情绪便会爆发。

机能④ 情绪的调整（vmPFC）

孩子爱发脾气，与大脑尚未发育完全有关

前额叶皮质最具代表性的功能，是由称为 vmPFC 的部位所承担的"情绪控制"功能。

人的情感机能本身是由杏仁核控制的，但是即便人在悲伤时号啕大哭、愤怒时大声嘶吼，他的生活也不会因此就顺利，而 vmPFC 具有有意识地抑制这种感情爆发的重要功能。

我们常常会有这样的体验：压力持续积累，又接连出现令人烦心的事，最终情绪爆发。这是因为压力超出了我们能承受的范围，使大脑陷入心理危险状态，无法对情绪进行控制。

顺便说一下，小孩子在凡事都说"不"的时期（2~3 岁），情绪特别容易爆发，这也是由于他们的前额叶皮质尚未成熟，不具

创造力与心理安全状态

心理安全状态

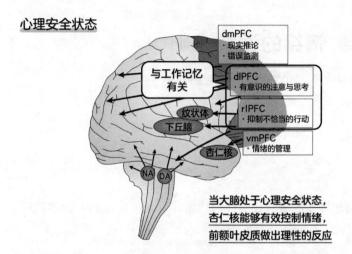

当大脑处于心理安全状态，
杏仁核能够有效控制情绪，
前额叶皮质做出理性的反应

心理危险状态

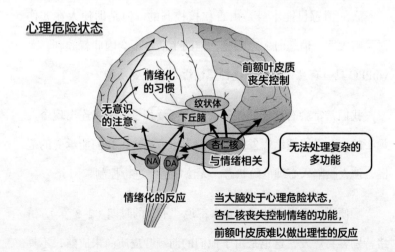

当大脑处于心理危险状态，
杏仁核丧失控制情绪的功能，
前额叶皮质难以做出理性的反应

出处: Arnsten A. F. (2009). Stress signalling pathways that impair prefrontal cortex structure and function.Nature Reviews. Neuroscience,10（6）: 410–422. 文字为作者的补充内容。

备情绪的"刹车"机能。如果因为孩子本来就没有"刹车器"，
父母就觉得不耐烦，对他们大声训斥要他们安静下来，只会给孩
子增加压力，最终陷入恶性循环。

上述介绍的是前额叶皮质的主要机能。在我们的生活中，前
额叶皮质的每项机能都非常重要。当人们处于心理危险状态时，
这些机能有可能显著下降，这一点请大家牢记。

如果我们能够轻易地判断孩子是否处于心理危险状态，那是
最好不过的事情，可惜目前并不存在这样的技术。但是，只要我
们能够记住本小节对大脑机能的说明，那么当孩子在我们面前出
现"不同寻常的反应""大人无法理解的言行"时，我们就可以
推断这是孩子承受过多的压力所导致的。

个体的"抗压性"
深受童年经历影响

越被父母训斥的孩子，心理承受能力越差

在"如何能够感知到压力"（脑垂体是否会有反应），以及大脑内部的"压力荷尔蒙受体容量"，还有"受体的易发反应（发生频率）"等方面，人与人之间是千差万别的。比如，由于DNA不同，每个人承受压力受体容量、压力荷尔蒙合成的数量、缓解压力荷尔蒙的化学物质的合成量等，都会有所差异。

但是，幼年期的经历会对"反应速度"产生很大的影响。人的大脑在幼年期非常有弹性，会随着年龄增长而不断发生变化。如果一个人在幼年期频繁遭受过大的压力，那么在"用进废退"原理的支配下，激活压力荷尔蒙受体的神经回路的能量效率就会提升，最后形成"容易对压力产生反应的大脑"。

　　也许会有人认为"经常被训斥，就会对训斥产生耐受性"。实际上恰好相反，神经科学认为，越是在幼年期频繁遭到训斥的孩子，在面临强大压力的时候，大脑就越容易形成战斗模式或逃跑模式。

越强烈训斥孩子，孩子越记不住

父母强硬的教育方式，无法改变孩子的行为和态度

在教育中，使孩子们陷入心理危险状态的因素有很多。其中最"不必要"的行为就是斥责和批评了，这两种行为很容易让孩子们陷入心理危险状态。父母责骂孩子，甚至出现暴力行为，不断地对孩子进行批评，这样的场景在日本已经司空见惯了。

让我们理性地思考一下，在教育和人才培养的环境里，我们真的要通过恐吓来支配孩子们吗？真的存在孩子陷入心理危险状态时的指导方法吗？事实上，我在很多案例中都感受到了对任何人都没有益处的"负面螺旋"。

原本对别人发脾气就会消耗巨大的能量。但是，消耗了能量之后，不仅不能解决问题，还会使孩子陷入心理危险状态，孩子可能因此失去思考能力、无法集中注意力，或是丧失对善恶的判

断。这就说明，孩子有可能会再犯同样的错误。

但是，大人们不知道孩子的大脑已经一片空白，他们只会越发愤怒，觉得"到底要说多少遍你才能懂"。父母越是愤怒，孩子越是记不住。这样双方都在不断地累积压力。

如果父母真正为孩子着想，就应该为孩子营造一种心理安全状态，使孩子能够认真倾听、理解父母的话；并且充分激发前额叶皮质的活跃性。父母这样做，孩子才有较大的可能性提高学习成绩，而且这样也有助于减轻父母的压力。

在育儿方面，人们的思维已经逐渐开始转变了。比如，去公园的时候，我们会遇到这样不同的场景：有的孩子无论如何都不听父母的话，这时有的父母就会暴跳如雷；有的父母，表情和语气很柔和，他们会平视孩子，尽量不让孩子感到压力，他们会认真地看着孩子，给孩子讲道理。

如果孩子反复犯同样的错误，那么我们不妨放下"孩子有问题"的想法，转变思维方式，思考"大人应该如何提醒孩子"。如果我们希望孩子改变行为，那么冲孩子发脾气只不过是实现目的的一种手段而已。我们要知道，如果孩子无法改变行为和态度，很可能缘于大人对孩子采取强制的指导方法，我们应该慢慢改变与孩子的相处之道。

当然，孩子受到严厉训斥后，为了回避恐惧也会改变自己的行为。因为心理危险状态未必会使人完全丧失思考能力，也会产生一定的学习效果。所以，父母要提醒孩子不要做出危及他人生命的行为，或是当孩子伤害他人时，父母要敢于严厉地训斥，让孩子牢记"这种事是不能做的"，这对孩子的人生是至关重要的。

我认为，父母可以偶尔训斥孩子，只不过孩子在这时几乎听不进去父母训斥的话语，所以我们应该在孩子情绪稳定的时候再教育孩子。

被责骂的情感记忆
会深刻保存在大脑中

大脑对负面信息的反应更敏感

被大人训斥而陷入心理危机状态的孩子，并非什么都没有学到，他们切实地获得了"被训斥的记忆"。

杏仁核与人类的情感密切相关。当人们出现不安或恐惧的情绪时，杏仁核对"战斗或逃跑"起到重要的判断作用，除此之外它还具有保存"情感记忆"的机能。

杏仁核的正上方有一个被称为海马体的部位，杏仁核与海马体之间通过粗神经回路相连。海马体是一个长期保存记忆的部位，对人们来说，就像是硬盘一样。不过，保存在海马体里的都是像"何时发生何事"这种理性记忆，而"当时有什么感受"这种感性记忆则保存在杏仁核内。研究表明，伴随情感记忆的理性记忆更容易深刻保存在海马体中。

这项研究的结果有什么意义呢?

当别人怒吼、痛骂的时候,有些人不记得对方说了什么,还有些人的心理会受到冲击,产生恐惧、不安、愤怒、羞愧等情绪,并深深地留在记忆中。这也是人类的一种防卫反应,即对那些对自己有害的人、危险的人、敌对的人等,容易留下深刻的印象。

我们不妨尝试搜索出学生时代对"老师的记忆"。你是不是发现脑海里总是浮现出被老师责骂的场景和记忆呢?随着时间的推移,我们也许会觉得"这位老师是为我好,才责骂我的",但是被责骂的情感记忆并不会因此发生改变。我们对对方的恐惧心理、不信任感、警戒心是很难消除的。

虽然有人认为,让孩子感到恐惧,是教育孩子的一种方法,但这样做不仅不能达到教育最初的目的,反而可能将原本并不想要传递的东西灌输到孩子的大脑中。

训斥孩子时，
大人处于心理危险状态

父母先处于心理安全状态，孩子才能找到心理安全感

当我们改变学校和家庭环境，希望孩子可以轻松获得心理安全感的时候，我们面临的最大障碍，就是现实中存在"越是容易给孩子造成心理危险状态的大人，其本身陷入心理危险状态的可能性就越高"这样的情况。因此，要想确保孩子的心理安全感，最重要的就是大人自己首先要处于心理安全状态。

情绪容易激动的人应该学会觉察自己，很多人在发脾气的时候，只要看到孩子胆怯的目光，他们都会幡然醒悟，并深感后悔。

我认为，如果要给这些人一些建议，那就是他们应该意识到，无论事后如何反省自己"情绪失控"都是于事无补的。情绪

对于每个人都是必要的部分，人们无法压抑自己的情绪。想要解决问题，我们就不要将问题归咎于情绪本身，而应该尝试将目光投向引起情绪反应的过程中，并从中寻找答案。

比如，我们可以研究下面的方法：

1. 改变思维方式，使人们对压力的感知变得迟钝	
✕ 孩子应该听大人的话	√ 尊重孩子的自主性
✕ 只有让孩子感到恐惧，他们才会听进去意见	√ 心平气和地向孩子表达意见
✕ 引导孩子是大人的职责	√ 守护孩子成长才是大人的职责

2. 通过其他场景减少孩子的压力源

① 改善夫妻关系
② 保证充足的睡眠
③ 定期释放压力

3. 意识到自己是情绪易爆发类型的人，学会防止情绪失控

① 情绪爆发前走出房间
② 激动时，设法把精力转移到无关紧要的事情上
③ 平时多做意象训练，训练应对问题的合理方法

　　我在这里要说明的是，上述方法 3 即下一章所讲的元认知。方法 3 并非让我们压抑愤怒，而是让我们学会保持内心平和状态的方法，从而在大脑中形成另一种神经回路。准确地把握自己的情绪，可以让我们学会如何管理情感。这是愤怒管理的本质，也是元认知理论富有活力的原因。

毫无压力并非好事

教孩子正确面对压力、合理调节压力

看到这里，可能很多人觉得"原来压力是敌人啊，那么我们应该全力保护孩子，为他们排除所有障碍，营造一个不会感到压力的环境"。我参加演讲和研讨会活动的时候，很多家长都发出这样的感叹，但是，事情并没有这么简单。

的确，如果我们为孩子们提供一个毫无压力的环境，就可以确保他们的心理安全感。但事实上，孩子们进入社会以后，他们将不得不面对烦恼、纠葛、委屈、失败、后悔等多种压力源。

在温室中成长的孩子，进入社会后能够依靠自己的力量生存下去吗？当然不能，如果没有大人帮他们消除压力，他们就无法生存。这种温室状态，与自驱力完全相反，其实是一种孩子对大人的"依赖"状态。

　　当然，如果在学校、班级、社团和家庭中，孩子总是处于过度的心理危险状态，那么我们就应该努力营造让前额叶皮质充分发挥作用的环境，让孩子们处于心理安全状态。但是，我们将压力从生存环境中完全消除是不可能的，我们不仅要尽力创造一个安全的状态，还要让孩子自主创造出处于心理安全的环境。我们有必要认真思考，如何才能创造这种环境。

压力适应大脑机制

孩子爱哭闹，是在努力适应压力

人类原本就兼具适应压力的能力。

从本节开始，我将谈谈压力的本质。压力本身是体内平衡系统出现落差而引起的。体内平衡系统是让人保持竞争状态的一种机制，只要人们感到压力，体内平衡系统就会反射性地"缓解压力""设法适应压力"。只不过大人们消除压力的方法因人而异，每个孩子也有自己消除压力的最佳方式。

比如我在上文介绍的，前额叶皮层有一种"抑制不恰当行为"的机能，而人们经常用"压力大时暴饮暴食"作为不恰当行为的例子，其实这是人们在适应压力时常常会出现的行为。

我在此解释一下压力适应机制，供大家参考。

　　人类的神经系统，分为中枢神经系统和周围神经系统。中枢神经系统又包括脑和脊髓，周围神经系统包括脑神经、脊神经和自主神经。在遍及全身的末梢神经系统中，有一种被称为自律神经的系统，人们很难凭个人的意愿去控制自律神经。自律神经分为交感神经和副交感神经，前者在人们紧张时会变得活跃，后者在人们放松时会变得活跃。

　　交感神经和副交感神经就像跷跷板一样，彼此互相竞争地工作。当人们处于压力过大的状态时，交感神经会占据主导地位，但同时，我们的身体也会诱导副交感神经开始工作。

　　还有一些行为模式是以副交感神经为主导的，比如"吃东西"。一旦食物进入胃里，肠胃就开始蠕动；肠胃一旦蠕动，副交感神经就会占据主导地位。

　　所以，由于压力大而暴饮暴食的人，并不是因为平时被压制的食欲突然爆发，大多是因为他陷入了"吃东西会让人莫名感到心安，所以停不下来"的状态。

　　另外，还有"紧张的时候想要嚼口香糖""感到压力时咬指甲"等常见的行为，也是人们适应压力的表现。当父母看到孩子咬指甲时，通常会这样训斥孩子："不要再咬指甲了，这样很难看。"然而，这些话语对创造心理安全感只会起到反效果，请父母一定要注意。

大人此时需要做的，是思考"孩子咬指甲，他是否感到了很大的压力"，然后思考如何帮助孩子，才能让孩子自己减轻压力。

顺便说一下，"哭泣"也是对压力的一种适应。人在哭泣的时候，副交感神经不仅处于主导地位，而且兼具将压力荷尔蒙的皮质醇和眼泪一起释放出来的功能。想必大家都有过这样的经历：因为工作和育儿，每天都非常繁忙，如果看到一部让人感动的电影或者小说，心情就会十分舒畅，有一种"心灵得到洗涤"的感觉。我们之所以感到心情舒畅，是因为哭泣让我们释放了体内的压力荷尔蒙。人们常说"想哭就痛快地哭出来"，这一点在神经科学方面也得到了验证。

我有一个小女儿，她经常会在不顺心的时候哭泣。我觉得小孩子哭泣是正常的事情，所以从来不会强行去阻止她，而是怀着"孩子之所以哭泣，是在努力适应压力"的心态去呵护她。

人们常说"体育出身的人抗压能力强"。我想，很多体育出身的人之所以抗压能力强（至少大家都这样认为），不就是因为越是能够在严苛的环境中坚持到底的人，就越能够掌握"与自身相应的抗压方法"吗?

很少有人能够抵抗身体对压力的反应,在压力面前,人们都会不由自主地做出缓和压力的行为。这种体验多了,人们就能察觉"自己在什么状况下,容易对压力产生反应,以及怎么做才能降低反应"。

例如,我们可以跟信任的朋友谈心;可以把令人痛苦的练习项目改成娱乐性较强的练习项目;另外,越痛苦的时候,就越可以重新审视自己的梦想,可能还因此刺激多巴胺的分泌;还可以把遇到的问题进行细分,以减轻压力的负荷。

如果大人教会孩子上述这些具体的方法,孩子就会下意识地尝试这样做。因此,想要提升抗压能力,最重要的不是拥有"坚韧的意志力",而是面对压力时的反应方式,以及应该掌握的心理疏导的方法。

我们要注意的是,避免给孩子施加不必要的压力,应该让孩子慢慢地积累抗压经验,进而培养孩子自主创造心理安全感的能力。

适度的"必须做"可以刺激大脑活动

适量的压力荷尔蒙，有助于提升专注力

心理危险状态，在压力荷尔蒙"过剩"的状态下才会出现。

众所周知，"适量"的压力荷尔蒙，反而有助于我们提升认知力、注意力、记忆存在率以及专注力（集中思考的能力）等。

很多人都有这样的经历：在临近工作的最后期限时，一边喊着"完蛋了！完蛋了"，一边高度集中精力完成工作。这时大脑无疑承受着一定的压力，但同时我们也能感受到大脑处于一种"具有生产力"的状态，具有极高的工作效率。

那么，是什么物质让大脑提高运行速度的呢？答案是一种叫作"去甲肾上腺素"的神经递质。其实，去甲肾上腺素也是一种压力荷尔蒙，虽然大脑内部也会分泌，但循环血液中的去甲肾上腺素主要来自肾上腺髓质。

当肾上腺髓质产生"必须做"的强烈使命感的时候，就会分泌去甲肾上腺素。换句话说，就是在"焦急万分的时候"才会分泌去甲肾上腺素，这是一种可以提高激情的"动力开关"。

但是，去甲肾上腺素也有它的弱点。研究表明，去甲肾上腺素分泌过多，就会引起大脑的不适，有可能让人产生攻击性行为、诱发恐慌，或是表现出歇斯底里。另外，虽然去甲肾上腺素可以提升大脑的活跃度，但有"关注目标不断变化""注意力分散"的特征。

我曾经有这样的经历，在工作截止日期临近的时候，把工作带回家去完成。如果我在家里工作，虽然大脑比较敏锐，但是会突然在意厨房做饭的声音，或是对孩子玩耍的声音变得敏感。而如果此时我在工作单位工作，就会对平时不曾留意的复印机的声音，或同事的说笑声非常敏感。

之所以发生这种现象，是因为大脑整体活跃度上升，对所有事物的感知度都提高了。

运用"多巴胺"，
创造最理想的动机

巧用多巴胺的分泌，激发孩子的学习内驱力

在人类的大脑里，有一种神经递质可以弥补去甲肾上腺素的弱点，那就是多巴胺。医学界一般用 DA 表示多巴胺，我之所以把我担任法人代表的"DAncing Einstein"公司名字中的前两个字母大写，灵感也来源于多巴胺（DA）。

如果一个人努力提升自己，并产生诸如"想要做事""想要求知""想要实现愿望"的强烈意愿和欲望的时候，就会分泌多巴胺。大脑分泌去甲肾上腺素的同时，会导致明显的"注意力不集中"的状态，而多巴胺的一个重要机能是它可以与去甲肾上腺素同时分泌，从而有效地减少注意力不集中的问题。

孩子沉溺于游戏中，听不到大人说话，或是热衷于自己的兴趣爱好而忘记时间，都是由于大脑被多巴胺唤醒，处于受刺激的状态。

因此，要想最大限度地激发孩子大脑的特性，最高效的方式就是确保孩子的心理安全感，并让孩子处于去甲肾上腺素和多巴胺同时分泌的状态。

正因为我了解大脑的机制，所以当我工作分心的时候，经常会立刻审视自己，判断"现在自己被这种糟糕的感觉主导了，必须要分泌更多的多巴胺才行"。为了提升自己"想要做事"的意愿，我会重新思考"工作的意义是什么""完成这项工作后，能带来什么好结果"等问题。因此，我只需要花费一点时间，就可以完全无视周围的干扰，让大脑的专注力聚焦在工作上。

在我看来，很多父母在教育方面几乎没有运用多巴胺的动机作用。很多时候，大人会无视孩子"想要做事""想怎么做"的感受，这对培养孩子的学习能力会产生不良的影响。

多数情况下，大人会对孩子用命令式的语气，形成刺激孩子分泌去甲肾上腺素的环境。很多孩子都身处这样的环境，并遭受精神的压迫。

日本曾经存在过基于多巴胺动机的教育，这种教育的代表就是私塾或补习班。我们可能会觉得，私塾或补习班中有非常严格的师徒关系，更容易让人陷入心理危险状态，但是对那些"想要跟着老师学习"，并主动学习的孩子来说，严格的老师反而能够带来良好的效果。

只有确保不让孩子进入心理危险状态，孩子没有感到被"逼迫"，以此为前提灵活地运用去甲肾上腺素刺激和多巴胺动机，才能激发孩子大脑的力量。我们相信，只要多用心研究基于这种模式的教育方法，就可以让孩子接受更好的教育。当然，我们必须注意"每个人对压力的反应都是不同的"。比如，在学校里，虽然老师对 A 同学和 B 同学采取相同的责骂方式，但两位同学的反应截然不同。A 同学可能觉得"不用那么在意"，但是 B 同学可能陷入心理危险状态，因而导致前额叶皮质无法发挥功能。所以，我们要让孩子"独立"去寻找适当的方法，激发自己的斗志，或者我们可以像训练员那样，给孩子施加一些压力，让他"自己寻找方法"，从而激发自己的斗志。

人们对压力的反应各有不同，想要做的事也有所不同，因此，我们的教育方式也是丰富多样的。

　　我并不是否定单一的授课方式，只是"千篇一律"的课堂缺乏趣味性。在今后的时代，能够体现个人价值的是个性、独特性，这是人才专属的特征。比如，一个班级有 30 个人，就会有 30 种好奇心和探索精神，这不是挺好的一件事吗？我们使用最新的教学方法，就可以实现因材施教的梦想。

自我肯定感可以提升抗压性

孩子的自信心，建立在正面肯定自己的基础上

　　为了将孩子培养成能够轻松感受到心理安全的人，大人除了教孩子学会适应压力，更重要的是培育孩子形成"不容易将压力视为压力"的习惯。

　　实际上，最有效的方法是提升孩子的自我肯定感。所谓自我肯定感是一种"我可以""我会想办法实现"的自我意识。

　　现在，在教育界或育儿界，也经常提到培养孩子自我肯定感的重要性。

　　实际上，自我肯定感与心理安全感密切相关。研究表明，高度的自我肯定感会减少压力荷尔蒙的分泌。

如果自我肯定感较高，那么就容易处于对自己充满信心的状态中，相应地就不会那么容易感受到威胁和不安。所谓高度自我肯定的状态，就是这样一种机制。

但是，自我肯定感并不是某天突然对自己说"要更自信一点""相信自己一定能行"就可以立刻拥有的。要想拥有积极的自我意识，就必须在脑海中形成"正面肯定自己"的深刻记忆。

如何创造一个不否定孩子的环境?

父母的否定,让孩子无法找到自我肯定感

　　总是被周围人否定,或是被贴上"问题儿童"标签的孩子,往往容易产生负面情绪,从而陷入自我否定的状态。若想让孩子摆脱这种状态,培养其自我肯定感,就必须让他们长期处于有利于提升自我肯定感的环境中。

　　具体来说,就是类似如下的环境:

- 不否定孩子;

- 尊重孩子的意愿;

- 不将失败归咎于孩子;

- 不将孩子与他人比较;

- 对完成的事情给予积极评价；

- 让孩子积累成功的经验；

- 让孩子切实感受自己的成长。

这正是工藤校长在麴町中学成功营造的环境。这种教育环境在日本比较少见，但是在欧美国家已经司空见惯。

例如，我的太太原本是一所国际学校的校长，负责孩子的心理指导工作。一名女学生从一所传统学校转到她所在的国际学校就读。我无意间询问过这名女学生，这两种类型的学校有什么区别，她说"国际学校更好"，因为她觉得"自己在传统学校里一直被否定"。听到她的回答，我的心情非常沉重。

当然，在国际学校读书并非会一直受到表扬，但的确很少会被否定。关于这一点，我在美国生活时切身体会到了。在美国当地，我在平时交谈中会自然地表达自己的想法，美国人常常用"Interesting"（有意思）来回应。但实际上，这句话在很多时候是指对别人的话"不太理解""没有共鸣"，不过这种回答并不伤害人，反而会给人一种积极的感觉。我第一次听到"Interesting"的时候，就感觉到尊重个人差异的文化气息。

在日本很多学校里，对孩子进行否定的话语却在不断增加。如果父母得知孩子受到老师的负面评价，他们也容易产生负面倾向，从而进一步打击孩子，让孩子处于负面评价中。这样孩子遇事时，就会失去自我判断的能力，大脑里充斥着关于自己的负面信息，变得更加没自信，进而陷入压力过大的状态。

在教育问题上，正如工藤校长所指出的那样，"孩子的问题，主要是大人造成的"。很多孩子只是不适应现行的规则和体系，却被大人批评"为什么连这点事都做不好""你看别人都可以做到""你不要说话，听我说"，这样的大人，很少会认真地对孩子说"按照你自己的想法做"。在这样的教育环境中，孩子自然不可能产生自我肯定感。

至于前面提到的那位转到国际学校的女学生，她在传统学校上学时由于压力大，情绪不稳定，转到国际学校后精神状态逐渐好转，积极参与很多有兴趣的活动，学习成绩取得了惊人的进步。

将"对未知的恐惧"转变为"对新事物的期待"

鼓励孩子探索新事物，在试错中成长

谈到心理安全感的时候，最关键的就是培养孩子的"进取心"，让孩子积极地挑战新事物，这一点至关重要，麹町中学也将这一理念作为校训。

我们处在一个充满变数的时代，未来充满不确定性，各种事物越来越复杂，各种定义之间的界限越来越模糊。在这种情况下，如果我们一味地抵触未知事物和新生事物，只会使内心越发产生不安和不满。当然，很容易陷入心理危险状态。

大脑原本就会对未知事物、新生事物以及伴随的风险产生不安的反应，因为这些事物有可能夺走人们的生命，或是对人们产生危害。

但是，只要大脑在"用进废退"的原理下工作，不断"说服自己进行未知的体验"，就会减少对未知的恐惧。

比如：

• 尝试挑战某件事并获得成功；

• 即使失败也没有被责怪；

• 从失败中学习的经验；

• 用心做事并获得成功。

反复积累上述体验，人们就会将"对未知感到恐惧"转变成"对新事物产生期待感"。但是，大人不必强迫孩子去获得这种体验。就像爬山一样，孩子若真正想要去"挑战"，完全可以依靠自己的力量去攀登高山。所以，大人不要消除孩子的多巴胺动机，因为多巴胺动机可以让孩子产生好奇心和挑战精神。

人类会本能地产生不安的情绪，同时也会本能地具有好奇心。特别是孩子，好奇心本来就很强烈，"好奇感"常常激发孩子的好奇心，比如"这是什么""为什么会这样""想试试看"等都是孩子内心会涌现的情感。借用工藤校长的话就是"自我意识"。只有具备自我意识的孩子在面对问题的时候，才会产生

"这时应该怎么做才好"这种积极的思考。

但是，对于自己主动"想要做事"时产生的情绪，周围人如果反应十分冷淡，或是说一个人处于行动受到限制的环境中，那么他"想要做事"的冲动便会受到打击。

不仅如此，如果多次受到大人的批评后孩子改变自己的行为，然后得到表扬，那么他的大脑就习得了这个运作模式，产生"只要被批评后认真改变行为，就会令人感觉舒服""不应该去做冒险的事"的判断。

总之，要想让孩子自主创造心理安全状态，就不要否定孩子。我们要尊重孩子的想法，让他们自己积累试错的经验。

第 3 章

创造让孩子感到安心的环境

工藤勇一

使孩子陷入心理危险状态的教育环境

重新审视教育环境，帮助孩子正确应对压力源

　　对于青砥先生对心理安全状态的讲解，您有什么看法呢？可能会让很多人感到吃惊吧。

　　如果压力超出了承受范围，人们就容易陷入心理危险状态，很难理性地控制自己。

　　我小时候在学校也经常被老师批评，所以非常认同青砥先生的观点。如果你小时候也经常被训斥，可能会对青砥先生讲的内容有一种"的确如此"的认同感。

　　比如，多动症（Attention Deficit and Hyperactivity Disorder，缩写为"ADHD"）较为严重的孩子，当他在课堂上无法控制自己的冲动时，如果被老师训斥，就越发不能控制情绪，从而无法

停止不适当的行为，也无法进行理性的思考。而老师看到孩子这种状态，也会因为自己无法控制孩子的行为而感到恼羞成怒，即使老师有时知道这样做不对，也会忍不住打骂孩子。

这种令人心痛的场面，可能在日本不少学校都会看到。事实上，这时候，老师和学生都有可能陷入心理危险状态。当然，不仅是在老师和学生之间，在父母与孩子之间、不同年级的学生之间也经常会出现这种情况。

通过上述学校的例子，我们明白，使孩子陷入心理危险状态的压力源不仅有斥责，还有其他方面，比如：

- 校规

- 体罚

- 人际关系

- 好朋友

- 社团活动

- 团结

- 成绩单

- 作业

- 测试

- 差距

- 平均分数

- 考试

类似于上述例子的压力源数不胜数，面对各种压力，很多学生都是一边承受压力，一边努力地过好每一天。

教育从业者必须重新审视人们习以为常的教育环境，探究这种环境会对孩子的大脑发育产生哪些不良的影响。

提升心理安全状态的两个关键点

创造让孩子感到安心的教育环境

孩子的成长包括身体的成长和大脑的成长。孩子大脑的成长绝不仅仅是知识的灌输，而应该充分开发大脑，并通过训练思考能力、创造能力、沟通能力、情绪控制能力等多个方面来达到训练大脑的目的。这些会奠定孩子进入社会后的生存能力。

但是，如果学校和家庭环境让孩子充满紧张感、厌恶感和不信任感，那么他们的大脑就会一直处于压力状态中，不利于大脑成长。为了让孩子的大脑自由、茁壮地成长，我们要尽可能减轻孩子的大脑负荷，让大脑处于心理安全状态。

为了提升孩子的心理安全感，学校应该同时做到以下两点：

第一，创造让孩子感到安心的教育环境。最关键的是，让孩子懂得"即使失败也没关系""要从失败中学习"等等。当然，我们不能停留在喊口号的层面，而是要创造一种包容的环境。话虽如此，但是并非每所学校都能够创造安心、安全的环境。

第二，锻炼孩子的大脑。孩子进入社会后，会遇到各种各样的问题，所以我们要从小锻炼孩子的大脑，使孩子可以坚强地面对各种问题以及环境变化所产生的压力，这对孩子的成长是至关重要的。换句话说，学校要培养孩子自主创造心理安全状态的大脑。

我认为，这就是教育工作者最主要的两项任务。

当年，"宽松教育"在教育界被广为推崇的时候，很多人对其产生了误解，所以我常常对孩子们和家长们说"与其增加孩子的学习时间，不如培养孩子自身感知'宽松'（无压）的能力，这是更重要的"。

在学校里，每个年级都有一些学生，不仅担任班长、社团部长、组织委员，而且能交到很多朋友，考试成绩也不错。在旁观者看来，他们非常忙碌，但他们自己却乐在其中，非常享受这种感觉。

另外，还有些学生几乎不参加学校活动，喜欢在家里打游戏，临近考试的时候则手忙脚乱，总是说："我很忙，需要时间！"

这两种孩子的区别在于是否具备时间管理能力和自控力（主要是元认知能力）。

如果我们想要给孩子创造"宽松"的环境，仅仅增加孩子自由的时间，并不能从根本上解决问题。最根本的解决办法，是要让孩子自己掌握创造"宽松"环境的能力。从某种程度上来说，正是因为压力，我们才感受到自控力的有限性。压力越大的人，自控力往往越差。

督促孩子自己做决定的"三句箴言"

培养孩子成为有自我意识、有自驱力的人

　　我想和大家分享几句话，这几句话犹如魔法一般，可以为孩子创造安心的环境，同时也可以增强孩子大脑的抗压能力。在麴町中学，这几句话被称为"三句箴言"，每当孩子遇到问题的时候，所有老师都会以这三句话为指导方针和孩子沟通。我希望，父母能在家里经常对孩子说这三句话。

　　这三句话是：

　　① **发生什么事了？**（是不是有什么困难？）

　　② **你想要怎么做呢？**（接下来你准备怎么办？）

　　③ **需要我的帮助吗？**（老师有什么可以帮你的吗？）

　　无论在学校、家庭还是公司，我们都可以使用这三句话。

　　麹町中学附近有很多经济富裕、热衷教育的家庭，当地孩子几乎都要参加小学考试和中学考试。如今，麹町中学独特的教育方针提升了学校的知名度，以第一志愿入学的学生日益增多。不过我在担任校长之初，新生几乎都是由于中学考试不理想，而来这里上学的，并非第一志愿。

　　当时，每年一到 4 月入学季，麹町中学就会出现很多心灵受伤的孩子。这些孩子很多都丧失了自主性、充满自卑感。其中有些孩子从小学起就厌学，他们对麹町中学抱有最后一丝希望，于是前来就读。

　　这些孩子很多都自我肯定感极低，属于自我厌恶的类型。他们陷入自我否定状态，典型的特征就是对自己所处的环境非常厌恶。

　　"学校不可信赖！"

　　"父母和其他人都令人讨厌！"

　　"老师是敌人！"

　　"没有值得信任的朋友！"

　　让这些孩子成长为具有自我意识，能独立思考、懂得判断，具有行为自驱力的人是麹町中学所追求的教育目标，在此目标下的教育方式在麴町中学被称为"心理指导"，在心理指导中承担核心作用的便是"三句箴言"。"三句箴言"在确保孩子心理安全的同时，还能够对孩子进行元认知训练。从目前的情况来看，没有比这更有效的方法。

通过第一句箴言"发生什么事了"，我们可以引导孩子说出自己所处的状态。"发生什么事了"这句话可以训练孩子审视自己内心的能力，这对元认知来说是非常重要的。同时，我们也要注意，无论孩子做了什么，我们都不要训斥孩子。

通过第二句箴言"你想要怎么做呢"，我们可以明确孩子的意愿，并以此为契机，让孩子思考如何解决自己面临的问题。

通过第三句箴言"需要我的帮助吗"，我们可以帮助孩子解决问题。实际上，很多时候都是大人为孩子提供选择，但接受怎样的帮助，或者是否接受帮助，应该由孩子自己进行判断。同时，如果老师表明要支持孩子，孩子就会认为"老师是跟我站在一起的"，这会进一步提升孩子的心理安全感。

在麴町中学，老师在和孩子的沟通中坚持贯彻这三句话，形成了良好的氛围。无论做什么事，孩子都能自主决定。

在育儿方面这三句话也是非常重要的。父母不要过多说教，也不要替孩子做太多事，应该多给孩子提供自主做决定的机会。这样孩子的自我肯定感就会提高，自然会变得自信和自主。所谓自我肯定感就是"按照自己的想法做事"，这是一种对自我认可的感觉。

无论做什么事情，只要能培养孩子自主决定的能力，就可以让他们去尝试。总之，我们必须明白，我们无视孩子可以自主做决定的事实，随意替孩子做决定，会剥夺孩子的自信和自主性。

对于那些前来读书，但对学校不信任的学生，老师通过贯彻"三句箴言"，快则七个月，慢则一年半的时间，就可以让孩子具有自我意识，消除对学校的不信任感。随着孩子性格的发展和变化，厌学的孩子和欺凌同学的孩子也会逐渐减少。前来麹町中学考察的人们看到，一年级的课堂总是骚动不安，而三年级的课堂则十分有序，不同阶段孩子们的状态差异令他们惊讶不已。

能够形成这种局面，关键在于同时贯彻"不训斥孩子"和"让孩子自己做决定"这两项原则。"不训斥孩子"，学校管理就会变得散漫；明明让孩子自己做决定，大人还要批评孩子，则会引起孩子的厌恶。只有同时贯彻"不训斥孩子"和"让孩子自己做决定"这两项原则，才会让孩子产生"在学校失败也没关系，重新再来就好了，我可以挑战任何事"的安全感。

"三句箴言"改变孩子的意识

在有心理安全感的环境中，引导孩子自主做决定

我们用具体案例来介绍"三句箴言"是如何改变孩子的意识的。

在麹町中学，每年到了四五月的时候，一年级每个班里都会有学生在上课时冲出教室，然后迅速躲藏起来，等任课老师发现时，学生已经不见踪影了。任课老师向教导处报告情况，而教导处老师已经对此习以为常，"我从一楼找""我到六楼从厕所开始找"，然后剩下的老师都出去寻找学生。

找到学生后，老师们并没有流露出愤怒的表情，而是用第一句箴言询问学生："发生什么事了，是不是有什么困难？"在日本其他学校一般老师的做法都是责骂学生"你到底在干什么？赶紧回到教室去"，所以学生会对麹町中学老师们的态度感到意外。

不过，即使老师对学生态度很温和，学生认为"没被老师骂

太幸运了"，但也不会立即对老师敞开心扉。特别是刚入学的孩子，他们对学校和老师并不信任，甚至会做出无理取闹的行为。

"为什么非要来学校上学？"

"那门课太无聊了！"

"为什么要学英语呢？"

"我觉得那个老师讨厌我！"

他们会产生类似上述这种抱怨，语气都大同小异。

麹町中学的老师听到孩子的抱怨之后，不会马上否定他们，而是会用"原来如此""是这样啊"等回应孩子，并认真聆听孩子们的话。然后，老师会用第二句箴言询问孩子："接下来你打算怎么办？"

不过，突然被老师问到"你想要怎么做呢"这个问题，还没有养成自主思考习惯的一年级学生是回答不上来的。面对问题时，他们习惯将过错归咎于别人身上，所以自己不会动脑筋解决问题，并且他们原本就不信任学校，不知道自己的要求是否可以得到满足。不过，这些学生中，也有学生会觉得自己受到排挤，认为"这个老师是不是把我当成笨蛋"。

大多数时候，一味地等孩子回答并不能解决问题，老师会按照第三句箴言来给孩子提供选择："老师可以帮助你做什么呢？我可以帮你换间教室。你现在可以回到原来的教室，坚持听课一小时，也可以去老师给你提供的另一间教室，做自己喜欢的事，你觉得怎么样？"

几乎所有的孩子都会回答："我想去另一间教室。"之后师生之间会进行类似"在教室待一小时可以吗""一小时就可以"这样的对话。

需要注意的是，最后一定要让孩子自己做决定。

几乎所有学校都会为上课不能集中注意力听课的学生，准备一间专门的教室。因为强行将离开教室的学生带回教室，学生仍然会扰乱课堂秩序。这些学生会被当众批评，老师会让他"去别的教室待着"，然后将其安排到专门的教室。

被强行带到专门教室的孩子，由于并非出于自己的意愿，所以会感到非常不满。但是，自愿前往专门教室的孩子，不仅不会感到不满，而且会逐渐产生"自己没有那么招人讨厌""老师原来并不是敌人"的感受。

大人如果采取训斥的方法教育孩子，那么孩子的大脑就会处于恐慌状态，一心想着尽早摆脱这种状态，于是陷入恶性循环。所以，我们尽可能不要让孩子陷入心理危险状态，应该给他们提供思考的余地。

最初，老师会给孩子提供选择，当孩子多次从老师那里选择后，就会慢慢习惯自主做决定，自己思考正确的做事方式。这便是自我意识的萌芽。也就是说，他们不再将自己的问题归咎于别人，而是结合自身情况进行自主思考。

"心中另一个自己想冲出教室，不过这样做好像并非上策，有没有其他解决办法呢？"萌发自我意识的孩子，内心会产生很多思考。

经历几个月后，面对不喜欢的课程，孩子会主动跑到老师办公室，与老师沟通："我今天的状态很糟糕，没办法上课了，可以去其他的教室吗？"

老师回答学生："当然可以，你今天想要做什么呢？"最初只知道用老师提供的平板电脑看视频的孩子也产生了变化，孩子会说"我现在正在读一本书，可以继续读这本书吗""我可以学数学吗"之类的话。

只要在有心理安全感的环境中，让孩子多次自主做决定，即使孩子没有形成自我意识，也能够在心态上产生较大的改变。

训斥孩子不是教育的最终目的

教育的主要目的，是改变孩子错误的意识和思考方式

　　如果想要让学校和家庭成为使孩子感到安心的场所，大人们首先必须抛弃"大人应该以严厉的态度训斥孩子"这种观念。训斥只不过是一种手段，目的在于改变孩子错误的意识和思考方式，然而有不少大人却将其当成教育的主要目的。

　　训斥并非一无是处。即使在麹町中学，如果事关孩子的生命安全，任何老师都会毫不犹豫地训斥孩子。但是除此之外，老师不会严厉地训斥孩子，更不会出现体罚这种暴力行为。因为"孩子会产生什么变化"这种结果更为重要，训斥只不过是实现结果的一种手段而已。

　　正如青砥先生所说，无论大人的说教多么冗长，只会让孩子的大脑一片空白，因为孩子听不进去大人想传达给他的大部分信

息。孩子会一直记得被大人斥责的感受，可能会因此加剧自我否定的情绪，因而对斥责自己的大人产生恐惧和厌恶，切断情感联结。

如果我们考虑清楚训斥对孩子造成的所有影响，仍然得出"即使是这样，也要训斥"的判断，那么训斥也无妨。如果我们没有考虑过这些影响，那么可以以此为契机，改变自己的思维方式。

如果将训斥作为教育手段，就会认为对所有孩子都要"一视同仁地训斥"，很多学校都存在这种情况。比如，有些孩子行为不当，他们每天上学都会被老师训斥。这些孩子还没有掌握控制自身行为的方法，但是在认为对所有孩子都要"一视同仁地训斥"的老师眼里，他们已经成了被训斥的对象，而孩子对此是难以忍受的。

优秀的老师遇到不服管教的学生，是不会对其进行训斥的，除非有重要的事项要教导学生。事实上，即使是在必须得训斥的时候，优秀的老师也不会对学生暴跳如雷。因为这些学生已经被训斥过多次，他们的内心已经无法承受压力。

如果认真考虑孩子的承受力，那么我们就应该根据孩子所处的状态和特性来决定如何训斥孩子。对所有孩子"一视同仁地训斥"，虽然看似正确，但其实并非如此。

多数情况下，当老师调整训斥方法后，那些偶尔被训斥的学生会说"老师偏心"。实际上，老师不喜欢被学生说自己偏心，他们都有一种平等的教育意识。

如果被学生说偏心，我会这样对他解释："我认为每位同学都同等重要，所以我改变了批评你们的方法。如果用对你的标准去批评另一个同学，他可能每天都会被老师批评，这是你所期望的吗？如果你是那个同学，你能够忍受吗？"听了这样的解释后，大部分学生都表示理解，觉得"啊，确实是这样"。

在家庭里，也常常会出现这样的情况：父母最了解孩子的性格，就算家里有好几个孩子，也会在批评时区别对待。但是，某一天父母被孩子说"有点偏心"，由于父母不想被误会偏爱哪个孩子，于是在批评上采取"一视同仁"的态度。那个原本心理容易受到伤害的孩子，就会感到难以承受的压力。

在这里，我再强调一遍，训斥只是手段，最应该优先考虑的是孩子的成长。

当然，老师从事教育工作，难免会遇到不得不训斥学生的情况。在这种情况下，老师不要一味地批评，而是要考虑如何才能不伤害孩子的内心，需要反复斟酌训斥的时机、顺序、强度、场所，等等。

不要求孩子做连大人都做不到的事

不要求孩子成为完美的人

要想将学校变成一个让孩子们感到安心的场所，从某种程度上来说，不试图要求孩子成为完美的人是最有效的方法。

- 跟所有人和睦相处

- 团结一致

- 齐心协力

- 不能歧视他人

- 多体恤他人

- 凡事学会耐心

- 拥有感恩之心

此外，还有很多方面。这些完美人物的共同特征都和"用心"有关，也就是说，希望孩子们努力成为拥有这种心智的人。但现实是，世界上有多少这样"完美的人"呢？日本的学校从一开始就会向学生提出高要求，让他们遵守。如果没有达到学校的要求，孩子就会感到"丢脸""羞耻"。标榜理想无可厚非，但如果没有系统地教给孩子如何实现理想的"技巧"，那么只会给孩子增加压力。

比如，有的孩子一直被老师和父母要求"跟同学友好相处"，如果他们遇到很难友好相处的同学，就会认为"我是个无能的孩子，不能跟别人友好相处"，因而产生不必要的压力。特别是对于那些个性鲜明、不擅交际，原本就很难和别人友好相处的孩子来说更是如此。

"每个人的思维方式和成长环境不同，所以跟有些人无法友好相处是正常的事。与人友好相处并非易事，不过，如果能够跟别人友好相处是非常棒的，你要想想如何跟别人友好相处。"大人应该像这样引导孩子。

对他人的歧视和体贴也是如此。我们首先要承认，人是利己的，往往会讨厌与自己不同的人。如果我们告诉孩子，"也许我们无法轻易消除别人心中对自己的歧视，但至少我们可以有意识地避免歧视别人"，孩子就会注意自己的想法，而不会产生失控的行为。所以，与"心灵教育"相比，麴町中学更重视"行为教育"。比如，招募志愿者来参加领导力研究会的时候，我总是苦口婆心地告诉对方以"人是不会改变的"为前提进行交往。即使人没有变化的时候，也不要失去自信，而要进行"如何才能让人产生变化"的建设性思考。

情感控制也是如此。如果我们从一开始就认为，人会感到焦虑，也会说出伤人的话，并以此为契机，我们进而产生"如何才能有效地控制自己"的思考。

每天进行这样的思考训练，孩子的意识和行为就会发生变化，到了三年级的时候，几乎不会再发生欺凌现象。很多孩子能够深刻地理解人与人之间是不同的，凡事不会责怪别人，而是自己去思考解决问题的方法。就算班里有几个与众不同的孩子，同学们也会思考"如何才能更好地与他们相处"。

贯彻"即使失败也没关系"的思想

允许孩子试错，让孩子在接纳和安全感中成长

如果我们能够创造出"即使失败也没关系"的环境，那么孩子就可以愉快地在学校生活，凡事都会积极地向前看。

但是，在学校这样的巨大组织中，想要创造出"即使失败也没关系"的环境，绝非一朝一夕就能实现。管理层与老师、老师与老师、老师与学生，以及学生与学生之间，如果没有形成"人无完人""不苛责失败"的广泛共识，那么孩子们就不可能真正获得安全感。

比如，我身为校长，要求老师对学生贯彻"三句箴言"，但如果我总对老师发脾气，那么老师也会经常责怪犯错误的学生。所以，我时刻提醒自己不要大声训斥下属。

当然，每个人都会犯错。麴町中学也会时不时出现一些小错误和小事故，这时我会对全体老师说："虽然这次出现了问题，但是我们把责任归咎于某人，或是说'今后大家都要注意'这样的话是于事无补的。无论我们多么注意，都不可避免出错。人本来就是会犯错的，人为的失误在任何情况下都有可能发生。我们不要将失误归咎于某人，而要归咎于组织机制。要想改善学校的教育方式，我们就要思考：如何减少人为失误的发生？如何在出现人为失误的情况下降低事故发生的概率？如何在发生事故时最大限度地降低伤害？我希望所有老师对这些问题进行深入的讨论。"

一旦出现失败，人们总会下意识地把责任归咎于他人。当然，有些人会认为"平时做事随意，自然会导致这种结果"。还有些人会因为其他人事故频发而幸灾乐祸，他们觉得在别人失误的衬托下，会提高周围人对自己的评价，从而进入心理安全状态的误区。

不过，出现这个问题的根本原因是职场同事无法接受"人都会犯错"这个明显的事实。

这里提到的"接受"，是我接下来要说明的元认知的核心。

即使孩子"注意力不集中"的问题越发明显，一味地督促孩子"反省"也无法让他们学到任何事情。重要的不是让孩子"反省",而是让孩子"接受"问题的发生。不仅是孩子本人,如果周围人也能够接受孩子的错误,那么我们就可以思考"如何在组织层面和个人层面防止问题的发生"。

年轻老师和家长在沟通时常常会受挫,情绪低落,进而失去信心,还有人会产生怀疑:"我是不是不适合当老师呢?"

这时候,我会对他这样说:"麹町中学的老师都经历过这种挫折,所以你不要介意。虽然你现在不能跟家长进行有效沟通,但更重要的是接下来要怎么做。我们不妨思考如何解决当下的问题。我认为,要以挫折为契机,把握机会,思考如何才能赢得家长的信任。"

要想接受失败,就不要总回顾已经发生的事情,否则就无法获得一个安心、安全的环境。若想从失败中有所收获,那么我们可以回顾过去;而是为了反省,那不如一开始就不要回顾过去。我经常说的一句话就是让麹町中学"成为一所经常展望未来的学校"。

经历多次挫折之后,老师对孩子的态度也会发生戏剧性的改变。当老师接受"即使是大人,也有不成熟的地方"这样的事实，意识也随之发生变化，会认为"孩子不懂事是理所当然的"。

在我看来，无论对于哪所学校、哪个家庭，"三句箴言"都是适用的。但是，如果没有将意识彻底转变为"即使失败也没关系"，那么使用"三句箴言"，恐怕也很难达到预期的效果。当我们认为孩子的所作所为是"不可原谅"的一瞬间，会产生强烈的压力反应，陷入心理危险状态，从而导致情绪爆发。

正如青砥先生所说的那样，如果人们想要改变自己的思考模式，就必须有意识地刺激大脑产生新的神经回路。最重要的是，应该始终坚信"接受失败""没有完美的人"。当我们想要责备孩子的时候，不妨停下来冷静思考一下，就会觉得"算了，我也做不好这件事"。

多次重复这种思考模式，大脑反应的方式就会发生改变。

大人不要扮演完美的人，也不要以此为目标要求孩子

大人越是表现得完美，越容易与孩子产生隔阂

在我们创造接受失败的环境的过程中，往往容易忘记老师和家长不应该去扮演完美的人。我十分理解老师和家长"想要被孩子尊敬""想要向孩子证明自己是一个优秀的、完美的人，无论任何事情都可以妥善处理"的心情。但是，大人越想要表现得完美，越容易让孩子将自己犯下的小错误视为污点，这也会对孩子的心理安全感构成威胁。

实际上，我刚担任老师的第一年，我也想尽力表现得完美。由于想要获得孩子的尊敬，我总是夸张地展示自己的优点。慢慢地，我变得忘乎所以，在晨会的时候总是一本正经地对学生进行说教，而我在当老师之前是非常抵触说教的。

　　自然而然，我和学生们的心灵之间产生了隔阂，不但被我经常训斥的学生对我产生了敌意，而且原来仰慕我的学生也开始对我敬而远之。

　　有一天放学后，我真诚地与学生们进行了交流，结果学生们坦率地问我："老师，你是不是想成为完美的人呢？"我连忙回答："好像真的是，抱歉抱歉，我忘记自己也有很多缺点了。"

　　从那一天起，我便积极地和学生们沟通。特别是在晨会上，我开始主动地谈及自己曾经失败的经历。

　　当时，童年时代的记忆在我的脑海中印象深刻，我把自己幼年时做过的恶作剧、说过的伤害别人的话语、做过的丢脸的事情、出过的丑等，用生动地话语讲给学生们听，有时还用有趣的方式和学生们分享自己的经历。有的孩子惊讶地说："想不到老师竟然也会失败！"可以说，我在扮演完美的人的过程中与孩子们产生多大的隔阂，孩子们在听了我的失败经历后就有多么吃惊。

　　因此，每天早上学生们都会因为我的讲述而哄堂大笑，班级气氛很快就恢复如前了。现在想来，盛气凌人的说教并不会让孩子处于心理安全状态。

　　相信很多父母都因为"孩子害怕失败，不敢挑战新事物"而烦恼不已。我认为，遇到这种情况，父母最有效的教育方式不是苦口婆心地告诉孩子"即使失败也没关系"，而是主动让孩子看到自己失败的样子以及不断试错的情形，教育其实就是这么简单。

父母让孩子了解自己的失败经历后，再以言语的形式告诉孩子"失败再正常不过了"，这样孩子才能真正在大脑中理解失败。

如果大人追求完美，那么常常会陷入自责。"妈妈做得不够好，对不起！""老师的能力有限，实在抱歉！"如果大人这样责备自己，孩子就学会了责备自己，实际上孩子也会责备大人。因此，孩子就不会产生思考问题的意识，不会思考"作为当事人应该怎么做"。这种负面连锁反应在家庭中尤为常见。

如果孩子对妈妈说"朋友的妈妈就可以这样，为什么您做不到"，妈妈可能就会很难过，但如果妈妈能够笑着对孩子说"不要对妈妈有很高的期待，妈妈也不是完美的人，真抱歉呀"，那孩子就能学会接纳。

不要将孩子跟别人比较

大人将自己的价值观强加给孩子，会导致孩子失去自信心

对孩子来说，将他们跟别人做比较，往往容易给他们造成巨大的压力。出于保护个人信息的目的，现在学校已经不再像过去那样公布学生的成绩。但是，人们有时仍然会通过互相比较来刺激孩子成长，学校也经常强行给学生设置如下的目标：

"一定要表现好！"

"要在全国（日本）比赛中夺冠！"

"这次要进入前十名！"

"考试成绩要超过平均分！"

其实，在教育中将孩子跟别人比较并非毫无意义。对于足球运动员本田圭佑这样的人来说，这种比较应该是合理的。"必须要

得第一，为了第一名这个目标而努力奋斗！"在这种话语的激励下，本田圭佑一直不断地超越自己。这种激励的教育方式可能对少数严于律己的孩子，或者拥有某种天赋的孩子来说是有效的。

但是，对于那些无论怎么努力都无法领先的孩子，或者原本就不想领先的孩子来说，这种教育方式效果甚微。

大人将自己的价值观强加在孩子身上，导致很多孩子失去自信心，才能被扼杀于萌芽中。麹町中学也有很多学生，因为考试成绩不理想而自暴自弃，我非常理解孩子们失落的心情。特别是有不少家长，他们无论是社会地位还是经济实力都很好，在"去读名校是理所当然的""在班里名列前茅是理所当然的"这种价值观的教育下，如果孩子表现不好，他们就会感到很丢脸。

就工作来说，我们当然要追求理想结果，这是不得已的事情。但是学校并非职场，学校应该允许学生们多次试错，为他们进入社会做好准备。

如果必须从结果的角度思考问题，与其关注失败的结果，不如学会从失败中找到适合自己的获得成功的方法。从失败中总结经验也是非常重要的，因为这些经验会成为我们的财富。不断地积累经验，提升各方面能力，会让孩子终身受益。因此，我希望学校和家庭都能创造接受失败的环境。即使孩子做事不能如愿，也希望周围大人们能够给予温暖的呵护，为他们提供一个心理安全状态的环境。

正如青砥先生所说的那样，学校应该让孩子掌握"自我成长"的能力。而这种能力并非记忆、背诵复杂的知识就可以掌握的。

对于一个人的成长来说，最重要的应该是通过时间序列来观察自己是否有进步，而不是跟别人进行比较。比如，我们可以将学校比喻成高尔夫的混凝土球场和练习场，或是棒球的击球中心和练习赛。虽然只是一个练习赛，但是孩子却被大人怒斥"你怎么会有这种表现"，于是孩子变得畏首畏尾，无法投入地好好练习。

也有父母会对孩子说"考试可不是练习"，这类父母太把考试当回事了，他们认为自己必须和孩子一同备考，结果在父母的威胁下，孩子根本没有机会试错。甚至有的孩子因为运气不好而考试失利，于是变得胆怯，对失败产生过度恐慌。

麹町中学会极力避免孩子们之间的比较。除了废除定期测试，还引进了单元测试，如果学生愿意还可以申请二次单元测试。当然，老师不会通知学生考试的平均分数。麹町中学希望，学生们能够将现在的自己和未来的自己进行比较，多去思考成长中所需要的东西。

让孩子参加"我想做"的社团活动

当孩子发现"我想做"时，就是他成长的最佳机会

　　在孩子的学校生活中，社团活动往往占有很大的比重。不过，很多社团活动的指导思想都是严格训练、胜利至上、精神主义等，这种社团活动不能为孩子提供安心的环境。

　　可能有人会认为："无论社团活动中出现什么状况，都是学生自己选择加入的，所以学生这种'我想做'的动机应该很强烈吧。"可能也有人认为："学生并非为了经历体罚和严格训练才参加社团活动，他们纯粹是出于对体育、乐器、社团主题等内容感兴趣才选择加入的。"所以，学校社团活动最主要的目的难道不应该是让学生"获得快乐"吗?

　　日本社团活动总是将指导老师的价值观（主要是指导老师曾经接受的指导方法）放在首位，有时他们会将"获胜""团结一

致""胆量"作为最主要的目标，结果就是学生往往会在休息日进行长时间练习，有时教练习惯性地对学生发脾气，结果使社团的氛围很严肃。社团活动已经无法给学生带来快乐，经常出现才华横溢的学生被教练和前辈所耽误的现象。

我想再次强调的是，"胜利至上"只对一部分孩子有效。学校不应该成为对孩子们进行选拔和淘汰的场所。

接下来，我想向大家介绍体育教练提到的，在网上非常有名的丹麦足球协会的 10 条建议：

① 孩子不是你的私有财产。

② 孩子要酷爱足球。

③ 孩子和你一起追求足球人生。

④ 你不能用孩子对你的要求，反过来要求孩子。

⑤ 不要通过孩子来满足你的愿望。

⑥ 可以给孩子提建议，但不要将你的想法强加给孩子。

⑦ 保护孩子的身体，但不要左右孩子的心灵和想法。

⑧ 教练要和孩子们齐心协力，但不要要求孩子像大人一样踢球。

⑨ 教练对孩子的足球人生提供支持是非常重要的，但是必须
让孩子独立思考。

⑩ 教练可以指导孩子，但是获胜是否重要由孩子来判断。

这 10 条建议令人震惊。其实这些内容并不仅仅适用于社团
活动，还适用于学校和家庭。

正如青砥先生所说的那样，当一个孩子发现自己"想要做"
时，这是他学习如何让自己成长的最佳机会。他们能够真实地面
对自己、了解自己的问题，并为克服这些问题而努力。孩子在这
个过程中的收获，可以应用到未来人生中的任何事情中。

但是，大人总是一味地追求结果，让很多孩子丧失了自信心
和动力。大人还会不断地对孩子提出各种要求，导致孩子失去自
主思考的机会。有些社团活动特别热衷于让孩子在周末参加，进
行几乎没有任何益处的训练。

不过，对思想意识的改革并不是表面的理想论。之前，我认
识一位叫尼尔生·北村朋子的丹麦记者，得益于与她的邂逅，我
问了她一个疑惑很久的问题。"丹麦足球协会这 10 条建议直指教
育的本质，令人非常感动，不过把这些文字写出来分发给丹麦青
少年足球教练，是不是说明他们以前并没有做到这些呢？"这位

记者回答："的确没有做到。"

据说，丹麦曾经有不少会粗暴骂人的教练、为获胜而不择手段的教练、想把球队利益变成个人利益的教练。但是，丹麦足协认为，这些教练无法让孩子体会到，体育可以给人们带来快乐、让人们变得幸福。于是足协积极开展普及活动，使相关状况得以改善。据说，现在教练不会因为孩子反复练习，但无法提高水平而责骂他。不仅在足球训练方面，在丹麦所有的体育运动都将这10 条建议视为常规。

我有一位日本朋友叫藤井严，他在海外经营一家以留学支援为主要业务的公司。十几年前，藤井严先生毅然放弃了在高盛集团和摩根大通集团等外资金融机构工作的成功人士生活，移居到新西兰，开始崭新的人生。有一次，藤井严先生从多重视角讲述了日本教育和新西兰教育的区别，极大地开阔了我的视野。在这里，我向大家介绍一下藤井严先生讲述的与体育相关的有趣案例。

在藤井严先生居住的地方，有一所尼尔森男子中学（Nelson College），是新西兰历史最古老的公立中学。该校虽被称为男子中学，但是相当于日本的男子学校。该校一共有五个年级，大约有 1000 名学生就读，年龄为 13~18 岁。

提到新西兰，人们对新西兰国家男子橄榄球队全黑队（All Blacks）印象比较深刻。新西兰是世界首屈一指的橄榄球强国，尼尔森男子中学的橄榄球运动自然也比较盛行，全黑队有不少优秀选手来自该学校。

藤井严先生问我："你觉得尼尔森男子中学里有几个橄榄球社团呢？"根据其他学校的情况，我感觉应该只有一个社团。毕竟，就算是有名的橄榄球强校也呈金字塔构造，只有两三个球队。我现在担任校长的横滨创英中学·高中，虽然在神奈川县以足球强校而闻名，但该校的足球社团也只有两三个。

令人惊讶的是，尼尔森男子中学每年会组建 10 支左右的橄榄球队。有实力的选手被称为"首发十五人阵容"，属于第一阵容，替补选手根据水平从属于"次发十五人阵容""三发十五人阵容"。另外，各有年龄在 17 岁以下（U17）、16 岁以下（U16）、15 岁以下（U15）的几个球队。校方会根据每个年级的报名人数，组建多支球队。

各队由 25 名左右的队员组成，所以在赛季中所有球队都可以全阵容参加每个周末举行的比赛。

实力最强的"首发十五人阵容"和"次发十五人阵容"球队

的球员非常重视比赛的胜负，但前提是参加比赛的选手们可以通过橄榄球运动获得愉快的体验，所以我们可以感受到他们跟丹麦球队在思维方式上有着本质上的不同。

除此之外，令人吃惊的是，队员平时的训练时间非常少。即使是顶尖球队，每周也只训练两次，而且只是为了周末比赛才练习的。据说，日本教练曾问他们："你们练习得这么少，真的没问题吗？"而这些橄榄球队员认为"高中生当然应该以学习为主，除了橄榄球我们还有很多感兴趣的事，所以在什么时间进行练习，应该由学生本人来决定"。

由此来看，在教育观念上，丹麦与日本的区别非常大。在日本，哪怕是肌肉锻炼和跑步锻炼这种个人基础练习，教练都会把大家召集起来半强制地进行训练。

再以尼尔森男子中学为例，在该校冬季的足球赛上，也会有约 10 支球队参赛，篮球赛也是如此，同一时期会组建约 10 支篮球队。有的孩子会同时参加好几个社团活动，还有的孩子会同时参加橄榄球和小提琴社团。

我们将眼光投向世界，就会发现很多类似的案例，所以日本的体育还有很多进步的空间。

不要给孩子贴上自我否定的标签

被贴上标签的孩子，会向贴标签的方向发展

　　大人单方面地给孩子贴上标签，会导致不少孩子压力过大，或者丧失自信而产生自我厌恶感。比如，患有广泛性发育障碍（高功能自闭症）等发育特性的孩子，他们非常不擅长社交，对任何交际都会产生强烈抗拒的情绪。大多数患有广泛性发育障碍的孩子，都存在这样的倾向。

　　但是，我们因此就轻易地认定"这个孩子有这种发育特性，所以不擅长社交"是不太妥当的。我们无法避免内心产生这种想法，但是很多大人会忍不住对孩子说出自己的想法。所以当我跟这样的孩子谈话时，他们会自然地说出"我特别不擅长交际"这样的话，可见他们在脑海中已经给自己贴上了"我不擅长交际"的标签。

　　这类孩子的情况确实令人感到担忧。在这种情况下，我会对孩子说："交际并没有那么可怕，你现在不是正在跟我交流吗？"事实上，只要大人对孩子温和一些，相信孩子，孩子一般都能够顺畅地交流。孩子听了我的话之后，便会说，"对呀，我长大了，现在可以跟大人交流了"，于是聊天就可以继续下去。

　　"我知道，你说的是不擅长跟朋友交流吧。不过，没关系，因为很多人长大后不会经常跟同辈人在一起。只有在高中，同辈的人才不得不在一起生活。到了大学，你就会认识不同年龄层的人，世界会一下子开阔起来，你只需要跟与自己趣味相投的人交往就好。就算你现在感到非常压抑，这种状态也不会持续太久。你未来的人生道路还很长，不要太在意这些事情。"

　　虽然很多孩子说自己不擅长交际，其实是不擅长与人面对面交流，但是如果写邮件，或是在网上聊天，他们就完全没问题。所以大人轻易地给孩子贴上"不擅长交际"的标签是非常不恰当的事情。

　　周围大人的言辞，可以给孩子带来自信，也可能给孩子带来深深的伤害。对于人们对负面情绪的偏执，青砥先生进行了说明：人们会自动将注意力转向自己的缺点、短处、失败经历等负面的方面。人们原本可以使用的意识是有限的，如果一直在意自身的问题，大脑就没有精力思考其他事情，思考面就会变得越来越狭窄。

学校应该是一个可以让孩子进行各种挑战，通过体验让自己逐步成长的地方，但很多学校并没有给学生提供这样的环境。心灵的宽裕即意识的宽裕，想要创造意识的宽裕，最重要的是"不在意不必要的东西"。清除孩子心中被贴上的负面标签，是教育工作者的重要职责。

别给孩子提供他不需要的帮助

孩子自己寻找解决问题的方法，会带来满足感

可能很多人都认为，如果想让孩子意识到自己的问题，学校和家庭应该指出孩子的问题，因此不少学校和家庭对孩子总是过度指责。这种做法对改善孩子的问题有一定的帮助，但可能会让孩子失去更多成长机会，希望教导者能够进一步意识到这个问题。

比如，有的孩子性格急躁，考试中容易出现明显的低级错误。很多家长看到考试成绩，可能不经过深思熟虑就对孩子说："怎么有这么多低级错误，你要细心一点。"其实，大人首先要意识到的是"有必要在这个时机上，专门去批评孩子吗"？

大人之所以打击孩子的自尊心、自驱力、心理安全感、自我意识等，只想要解决某个问题，大人在很多情况下都固执地认为

"现在就想要结果""孩子必须时刻保持完美"。

如果大人能够将想法转变为"学校是一个让学生经历多次失败而积累经验，并从中学到知识的地方"，那么孩子在考试中获得 100 分也好，50 分也好，都无关紧要。重要的是，要让考了 50 分的孩子产生"想要取得更高分数"的想法。我们经常在教育的过程中，无意间过度干预孩子。对一个不想被教导的孩子来说，强迫他们进步，只会给他们带来困扰。

比如，一开始，有的孩子虽然考了 50 分也满不在乎，但当他们发现跟自己同等水平的好朋友突然考了高分，他们就会受到刺激而产生干劲。如果大人此时能够抓住时机向孩子伸出援手，那便是最好的教育时机。

在这时，大人应该尽量让孩子意识到问题所在。比如，我们看到孩子因为考试分数低而烦恼，可以使用"三句箴言"来询问"发生什么事了""你想要怎么做呢"。如果孩子自己提出问题，比如"我不擅长这门功课"之类的，那么便可以给他提出具体的建议；如果孩子没有发现自己的问题，那么我们就可以询问，"你在哪个环节上出错了呢"，让孩子自己学会分析问题。

给孩子提建议的时候，我们不要直接说出"你在这里容易犯低级错误"。如果能换个委婉的说法，比如"如果你不仔细读这道题的题干，就很容易出错"，那么孩子们就能客观地看待自己的错误（不会自责），这是最理想的做法。

大人也不要直接向孩子传授解决方法，而应该尽量让孩子自己思考。孩子要靠自己发现问题，并寻找解决问题的方法，这种体验会给孩子带来满足感，他们也会生出诸如"去发现别的问题""试试把这种方法用到别的地方"等积极的态度。

无论是出于心理安全感的考虑不打击孩子，还是让孩子自主思考以培养他们的自驱力，问题归根结底在于"大人如何提升自己的耐心"。

顺便说一下，我的二儿子现在在高中担任物理老师。因为我们是同行，所以我想给他建议，也想向他传授很多经验。实际上，只要他不来请教我，我几乎不会给他提出任何建议。作为父母，当我们看到孩子遇到问题，肯定会焦急万分。不过，对于自己不理解的东西，我的二儿子会保持怀疑的态度，我很佩服他的这一优点，他从小就特别喜欢通过不断试错使自己成长，所以不管我说什么他都不会盲目听从。

让孩子的心灵有所依靠

父母永远是孩子坚定的依靠和支持

　　正如谚语"穷鼠噬猫"所说的那样,将老鼠被逼入绝境时也会咬猫。所以如果把一个人逼上绝境,他的大脑就无法正常运转。无论遇到什么状况,我们都不能让孩子陷入走投无路的境地,否则会对孩子的心理安全感产生很大的影响。

　　比如,有些学校热衷于对学生进行指导,老师总是习惯训斥学生。这样做的结果,就是由于没有可释放压力的地方,孩子们之间会出现分裂。认真的孩子会对不认真的孩子产生不满,认为"就是因为那个家伙,老师才生气的"。而被老师训斥的学生则会认为"老师又在众人面前批评我,反正没有人喜欢我"。再进一步,如果学生对老师的话语无法产生共鸣,那么老师的训斥就没有任何意义。

当我发现了这种因果关系之后，如果学生再因为犯错而被老师训斥，我便会有意识地站到学生这边。比如，我会对学生说："你在英语课上又被老师训斥了吧，不过，我已经替你跟老师道歉了。"这样，学生就会觉得，就算犯错，老师也会站在自己这边，这会给他们带来很大的心理安全感。

很多老师认为：既然其他老师会训斥学生，那么自己作为班主任也要训斥学生。如果每个老师都按照这种想法去做，就会和学生形成对立关系，孩子们会变得无所适从，从而对学校愈发厌恶。

我们可以在家庭中进行实践。比如，在我的家里，我和妻子约定，每当不得已训斥孩子的时候，有一个人承担训斥的任务，另一个人则离开现场。我很少训斥孩子，偶尔训斥的时候，妻子会迅速离开。于是训斥发生在我和孩子之间，妻子并不去干涉。然后，当训斥快要结束的时候，妻子会趁机回到房间，紧紧抱住孩子。孩子往往会号啕大哭，而妻子会一边说"没事没事"，一边轻轻抚摸孩子的头。虽然妻子并没有说太多话，但是孩子会感到很安心。在我的家庭里，即使孩子被训斥也不会感到被抛弃，当孩子多次经历这种体验后，就会产生自我肯定感。

孩子在学校或其他地方总会遇到纠纷和挫折，他们需要一个坚定的依靠，让他们无论何时都能够感到安心。父母陪伴在孩子身边，应该充满自信地对孩子说："无论你身处何种状况，只要有你在，我就是幸福的。请你放心，我会无条件地呵护你。"

接下来元认知的主题也是如此。很多父母都有疑惑："自己真的可以给孩子提出合适的建议吗""孩子和我沟通，但我不知道怎么回答该怎么办"，并为此感到不安。其实大人只能通过训练来改变自己的大脑认知，在训斥孩子的时候，大人应该换位思考，体会孩子难过的心情。或者，大人应该将更多的注意力放到这些方面："孩子是否感受到父母无条件的爱""家庭是否可以充分给予孩子心理安全感""父母是否将自己的期待和价值观强加给孩子"，等等。

培养心理安全感的正确夸奖方法

赞美孩子努力的过程、把握夸奖的时机

为了让孩子获得自信而夸奖他?

为了称赞孩子的努力而夸奖他?

为了改善与孩子的不良关系而夸奖他?

无论是在教育方面,还是在育儿方面,夸奖孩子都是非常必要的。不过,并不是一味地夸奖孩子就会对孩子产生帮助。在夸奖孩子方面,我认为有两个要点。

第一个要点,是要对过程进行夸奖而不要对结果进行夸奖。这一点在教育界和育儿界反复被提及,但是,很多学校还没有普及实施。不要夸奖获得 100 分这一结果,而要对孩子为了获得100 分所付出的努力过程进行夸奖。只要孩子努力了,挑战了,就算只考了 30 分，也值得夸奖。

最有效的元认知训练，是让孩子将注意力集中到过程上，我们会在下一章进一步说明。周围很多大人总是对结果进行夸奖，这样孩子的注意力就会集中到结果上，而当他们无法获得理想的结果时，就会因为自己无法满足大人的期待而感到失落。

在练习比赛中，追求结果会给孩子的成长施加不必要的压力，要想让孩子有安全感，就要尽量避免对结果进行夸奖。

第二个要点，就是夸奖的时机。在孩子小时候，大人不用刻意地关注夸奖的时机。但是，等孩子进入青春期后，就需要把握夸奖孩子的时机。特别是对那些和大人的关系变得紧张的孩子，即使大人想要改善亲子关系而夸奖孩子，也经常被孩子看穿，从而引起孩子更强烈的排斥。

这时候，我建议老师和家长，最好由第三者夸奖孩子。比如，在有些家庭里，母亲和女儿之间无法友好相处，那么母亲最好不要直接夸奖，而是由父亲说出"前段时间发生的事情，妈妈一直在和我夸奖你呢"这样的话。不可思议的是，在第三者介入的时候，孩子的抵触情绪会减少，容易欣然地接受夸奖。

大家一定要试试这个方法。

做好充分的准备，压力就会减轻

不进行比较、接受现状并进行改善

要想培养孩子抗压的大脑，只有不断地积累克服压力的经验。只要我们用自我意识去解决问题，不断积累经验，那么不管遇到多少问题，都可以迎刃而解。

以我为例，我的职教生涯始于山形县。作为一名老师，我感受到巨大的压力，是搬到东京后。日本各个都道府县的公立学校在教育文化方面存在明显的差异。来到东京第一所学校，由于学校在各方面将手段目的化，通过责骂和恐吓来支配孩子，并认为这样做是理所当然的，我感到十分痛心。我认为，在这样的环境下，教师是一份令人感到羞愧的工作，因此考虑过辞职。

虽然平时有诸多烦恼，但是在全心全意与学生们交流的过程中，我可以真切地感受到，不仅是学生，家长和同事也十分信任我。我坚持不懈地跟同事们进行沟通，使学校的教育氛围有所改善。我也深刻地感受到，教育在任何地方都有相似之处。如果我将东京的教育模式与山形的教育模式做比较，就容易让自己陷入困境。

对我来说，在东京担任老师，是我人生中一段重要的时光。我深刻地意识到：要勇于面对各种压力、不进行比较、接受现状并进行改善。这些经验都是当时学生们教会我的，对此我深表感谢。

之后，我被调到东京都内一所秩序混乱的学校，我在那所学校5年的任教经历十分特别。我在那时产生了一个强烈的愿望：将来要成为一位对很多学校产生良好影响的校长！在那所学校里，学生每天都会出现不良行为，如盗窃、恐吓他人、搞破坏、暴力事件，等等。虽然压力很大，但是我在赴任之初就做好了思想准备，我相信自己可以乐观地面对困难。尽管这所学校的一部分老师已经放弃管理，但我坚定地认为，"虽然学校的情况混乱，但一定会有解决的办法"。我必须先接受现实，然后逐一解决问题，我要对学校的每个人负责。

后来，我被调到了东京都教育委员会工作。在东京都教育委员会工作一年后，我提出要求，希望被派到离教育一线更近的地方工作，于是我又调到了目黑区教育委员会。当时的经历无法用一句话说完，我参与研究了很多课题，包括对教育委员会及其行政职责的研究、构建救助学校和居民的协作网络、教育委员会相关业务的法律依据、议会在政策实施方面的影响力，以及如何平衡议会权力、学校的 ICT 化等，所做的事情不胜枚举。在那几年间，我能够专业地协调与学校有密切联系的各种集团的关系，掌握了相关沟通的技巧，在人际关系方面也得到了很大的提升。

当时的教育委员会还保留着传统的学徒制，职场彻底实行生产线工作模式。当时我刚过 40 岁，从最基础的工作开始做起，就算拟好了文章草案，如果没有指导主任、主任、课长盖印，文章甚至都无法呈给教育长审阅。即使教育长审阅了文章，他也会对文章进行很多修改，有时文章被修改后，完全背离我原本的写作意图。我每天的睡眠时间基本只有 3 个小时，一年 365 天只有 10 天左右的假期。那 4 年间，我每天都感到身心俱疲。我认为，凡事都应该合理安排，轻松应对，所以那份工作给我带来很大的压力。

当时，我有很多次情绪濒临爆发，但是根据过去积累的经验，我明白抱怨不能解决任何问题。我无数次在心中提醒自己，要接受现状，耐心地去解决问题。坦诚地说，当时我强烈地感受到"仅靠真诚是不能改变教育的，还要理解各种人的立场，对不同的人采取不同的策略"。

之后我在目黑区的学校担任副校长，然后在新宿区担任 ICT 项目小组的主管和指导课长等职，后来到麴町中学第一次担任校长，最后于 2020 年退休。现在我在私立横滨创英中学·高中担任校长，同时在该校的经营主管单位堀井学园担任理事。

由于职位晋升，职务范围也相应扩大了，所以遇到的问题自然会增多，这是很正常的事情。对我来说，在新的职场工作时，并不会考虑"我应该做什么"，而是以"我能够做什么，改变什么，创造什么"的态度去工作。所以无论我在哪里工作，都会思考很多问题。一般来说，初到一个新职场的时候，我都会因为压力而难以自控，但回顾自己一路以来的历程，我深切地感受到，压力会随着年龄增长、职场环境的改变而日益减少。

我同前来学校视察的校长等人进行交谈时，他们会问我："工藤校长做事非常淡定啊，您这种内心的豁达从何而来呢？"

我认为，我内心的豁达（心理安全感）应该是源于过去成功及失败的经验，进而形成的预测能力。通过这些经验，我能够预测出一条可以绕开壁垒的道路，每当我遇到难以相处的人，我能找出可以妥善与之沟通的方式。通过不断地解决各种难题，我感觉自己解决问题的能力也得到了提升。

比如，当我们被分配到一个新的工作岗位时，不仅得不到同事的信赖，而且可能还会有人阻碍我们的工作。这时候，如果一味地标榜正确的做事方法，大家会无动于衷，相信很多人都有这种体会。所以，我们要在思想上接受现状（并非消极思考，接受现状是元认知最重要的环节）。

当我们接受了现状，就会产生"如何才能达成目标"的想法，然后一边预测"如果得到这个人的信赖，工作可能会更好推进""对这个人使用这样的措辞，他可能会认可我"等各种情况，一边思考最合适的解决方法。虽然有时预测可能不准确，但这也可以让我们学会如何提升预测的精准度。

正如下棋一样，没有人能够直接而巧妙地解开残局。每个人做事往往都是被感性驱动，而不是被理性驱动的，这就进一步增加了预测的难度。但是，我们需要锲而不舍地在自己能力范围内进行预测，从而积累自己的经验。

学校是让孩子
体验错误和失败的地方

成长是不断遇到问题、解决问题的过程

我想再强调一遍：大人让孩子积极地体验错误和失败是非常重要的。

"困难是不可避免的。"

"我们要从问题中学习。"

"一定有办法可以突破困境。"

如上所述，只要孩子能这样转变思想，就不会那么害怕面对问题，也能够确保心理安全感。

任何人看到自己孩子陷入困境都会难过。当我们看到孩子从学校回到家里，一脸落寞的样子，相信家长都想要帮助孩子。不过，家长应该紧急抑制这个想法，并且有意识地去引导孩子思考"我能够从困难中学到什么"。孩子经历几次之后，慢慢就能对困难防患于未然，即便遇到问题，他们也具备了自我控制和解决问题的能力。

同时，我们也必须重视孩子心理安全感的培养。对于遇到问题而苦恼的孩子，如果我们放任不管，让他们"自己想办法解决"，这样做未免有些极端。我们要根据孩子的性格和孩子进行沟通，还要多鼓励孩子，比如告诉孩子"遇到问题，是成长过程中非常重要的环节"。

在此基础上，就像第三句箴言"需要我的帮助吗"所表达的那样，让孩子意识到大家会为他提供保护网，这会成为孩子心理安全感的重要来源。再结合第三句箴言，将孩子平时寻求别人帮助的行为赋予一定的意义，告诉他，"如果无法依靠自己的力量完成，那么寻求别人的帮助来完成，也是一种能力"，这样做会让孩子更安心。

正如青砥先生所说的那样，每个人的抗压能力有所不同。就算遇到同一件事情，A 同学可以保持心理安全状态，但 B 同学有可能超出心理负荷，所以，老师应该充分了解每个学生的现状和特点，这是至关重要的。

　　麹町中学废除了班主任制度，让整个年级的所有老师共同守护学生，全校都贯彻了这种教育思路，因此老师可以关注到每个学生的变化。在日常生活中，所有老师都会密切关注学生，学生也可以自己选择老师进行沟通。与班主任制度相比，这种做法让老师们更容易注意到学生们的细微变化。另外，和每个学生及其家长的沟通，老师也有明确的分工，这样很容易形成令彼此感到安心的环境。

教导学生拆解问题的方法

让孩子学会独立解决问题的方法

　　麴町中学以"虽然向学生建议如何解决问题，但最终要让学生自己解决问题"为基本原则。学生们会按照自己的想法挑战解决各种问题，但是不会在思考时陷入无限循环，为此我经常会使用应对压力（针对压力源的解决办法）的 4 种模式进行说明。

　　首先，我们会对孩子说："发生问题时，有时只靠自己是无法解决的。这时你们可以采取的行为模式，大致可以分为 4 种：忍耐、转换心情、想办法解决问题，以及同别人商量。"可能很多人此时都会选择忍耐或转换心情的行为模式。其实，这并不是好办法，最有效的办法应该是"将另外两种模式进行组合来解决问题"。

　　具体来说，就是先将问题分成若干小问题，并写下来。接着将写下来的问题分为"可以独立解决的问题"和"不能独立解决的问题"。对于"可以独立解决的问题",只需要思考处理的先后顺序、如何解决就行;而对于"不能独立解决的问题",一般我们要跟别人商量共同解决。

当我们将这些问题整理好,我们就会发现,那些看似"复杂的问题",其实并没有那么糟糕。这样就会大大减轻大脑所承受的压力。

只有将解决问题的方法传授给孩子,孩子才能很快将之付诸行动。面对自己无法解决的问题,孩子会和朋友、父母以及信任的老师一起商量。最初就选择找身边的人进行商量的孩子,通过自己多次解决问题的经验,也会明白"选择商量的人非常重要",从而极大地提升自己解决问题的能力。

第 **4** 章

什么是元认知

——自我成长不可或缺的技能

青砥瑞人

什么是元认知?

元认知是俯瞰性地审视自己、学习和研究自我的能力

在本书第 1 章,我们已经指出,教育的本质目标是让孩子通过自己的力量获得自我成长和创造幸福的能力。要想实现这个目标,最不可或缺的"感受"就是心理安全感,最不可或缺的"技能"就是元认知能力。

元认知(Metacognition)这一概念诞生于认识心理学领域。所谓元(Meta)的意思是"高阶",因此"Metacognition"一词直译就是"(对自己)认知本身"。简单地说,就是"认识自己"。通常,一个人元认知的能力越高,就越能够正确地认知自己的特点和习惯,达成目标和解决问题的能力就越强。

每个研究者对元认知都有自己的看法,尚无明确的定义。我个人认为,"元认知是俯瞰性地审视自己,学习和研究自我的能力"。

　　我认为元认知有两个要点。第一个要点就是认识自己。审视自己的内心，关注自己的思考模式和行动模式等大脑的特性，以及自我变化的轨迹，并进行俯瞰性地审视，这是培养元认知能力不可或缺的过程。人们对元认知有各种各样的解释，但有一点是共通的，那就是要以自我作为对象，然后通过另一个自我来观察自己。不过，只是俯瞰性地审视自己，并不足以构成元认知的"技巧"。

　　元认知的第二个要点，即"自我学习"。坦然地面对自己，并将从自身获得的信息刻入脑海中，使之成为自己的记忆，这是元认知的基本意义和重要作用。也有人认为，元认知的定义不包括自我学习，但我认为，如果在教育过程中引入元认知能力，那么元认知就应该包括自我学习。

客观和俯瞰的区别

客观并俯瞰地审视自我，才能提升元认知能力

在上述元认知的定义中，我使用了"俯瞰"一词，并没有使用"客观"这个词。虽然世界上有很多词语可以作为同义词使用，但我在选词的时候会进行明确区分。我认为，了解"客观"和"俯瞰"的区别，有助于理解元认知的本质，在这里我会详细说明两者的区别。

众所周知，客观是主观的反义词，即"站在他人的角度观察"。从"认识自己"的角度来说，"客观"就是"像他人那样观察自己"。

客观又可细分为两种：一种是"依靠外部信息充分观察自己"。所谓外部信息，是指类似学校的考试成绩单，公司的上司、同事、人事、客户的反馈或评价一类的信息。另一种是"依靠内

部信息观察自己"，内部信息指自己回溯过往取得的信息，也就是通过回溯自己的记忆来观察自己。最典型的例子就是学校和企业经常组织的"会议"活动。通过回溯与自身相关的记忆，提升观察自己时对相关信息的判断力和准确性。

对自己进行客观的观察，是元认知不可或缺的部分。但是，仅仅从"一个方面"观察和自己相关的信息，很难从中有所收获（很难处理信息）。只有同时观察"多个方面"才能自我学习，也就是进行"俯瞰"。

大脑具有将"神经元一起活动，连在一起"的功能。也就是说，如果大脑在同一时间想起不同信息，只要多次想起，大脑就会自行将 A 信息和 B 信息关联在一起，所以当 A 信息被唤起时，大脑就会自动唤起 B 信息。著名的"条件反射实验"便基于这一原理。

如果将客观审视自己，看成在大脑中设置特别的"点"，那么俯瞰自己便是将这些"点"连接起来，这种让大脑产生变化的过程就是元认知。

我们用具体例子来说明。假如一个孩子想要挑战翻单杠，每次他都无法完成在单杠上翻转的动作。当我们录下来整个过程给孩子看，由于只有一个视角，孩子只是处于"客观地审视自己的状态"。也许有的孩子能从视频中有所学习，但有的孩子会通过视频清楚地看到"自己不会翻单杠"，从而失去再次挑战的勇气。

那么，我们不仅要让孩子看现在的视频，还要让他看自己第一次抓住单杠的视频，以及第一次自己练习翻单杠时腿都伸不开的视频。这样孩子可能就会认为"虽然我暂时不能完成翻单杠的动作，但我已经取得了很大进步"，从而意识到自己的成长。这就是元认知的体现。

我们还可以让孩子看一个别人熟练翻单杠的视频，让孩子与之进行对比，从而研究自己翻单杠的姿势，并从中发现问题、吸取经验，这也是一个好方法。这样，孩子就能意识到"原来我一直都用这种方法练习，也许应该改变方式"，这也属于元认知的体现。

另外，记日记也能够体现客观和俯瞰的区别。回顾自己的过往并对其进行叙述，这是客观地审视自己的有效方法。但是，如果不对回顾的内容进行反复研读，可能就达不到学习效果。

既然我们已经用文字记录下自己的过往，那么不妨偶尔翻阅，审视这些文字内容。然后，我们就会发现一些自我倾向，比如"原来我经常写这个主题""在这种情况下，我容易产生这种感受"。像这样大脑内部进行信息处理的时候，就说明我们已经掌握了元认知的思考方法。

如果我们能够了解自己的思考模式和言行模式，当想要实现目标或解决问题时，就能够采取相应的对策。所以，对一个人的自我成长来说，元认知是不可或缺的因素。

没有直面自我习惯的人，
遇事容易责怪他人

孩子能否成为有自我意识的人，取决于直面自我的经验

提升元认知能力的第一步，就是增加直面自我的机会。将自己作为对象进行认知的行为，用专业术语来说就是"内省"。一个人越懂得内省，大脑内部就越容易产生物理变化，越容易得出与自己有关的信息。

正如本书开头工藤校长所提出的问题，教育的最大问题是欠缺"培养孩子的自我意识"。

如果事情进展不顺利，就归责于别人，有所不满就责怪别人。如果没有责怪的对象，就把责任推卸给社会和时代。这种归责他人的想法，无法让人养成直面自我的习惯，也就无从产生"可能是自己的责任""也许我可以做这些事"的想法。

喜欢归责他人，并不是与生俱来的习惯，而是长年以来形成的坏习惯所导致的"惯性"。

只有大脑具备信息传递结构，即处理外部信息时，内部信息（与自己相关的信息）可以同时被激活，那么这个人才能具备自我意识。

连接神经细胞的大脑回路有时会连接、断开、变粗、变细，常常处于变化之中。所以，孩子能否成为具有自我意识的大人，最终取决于孩子"直面自我"的经验程度。

为什么内省很困难?

如果没有有意识地去做事，就无法关注自己的内心

很多人会认为，即使不提到"内省"的概念，我们也能注意到自己的内在。

确实，对于一个能够日常"三省吾身"的人来说，内省是自然而然的事情。他们从小就喜欢沉思、喜爱读书、为了实现目标而不断挑战和试错，他们把握每次直面自我的机会，所以他们更容易成长为元认知能力较强的大人。

但是，从神经科学的角度来看，"直面自我"并没有那么简单。

原因有两个：

第一，人的大脑机能十分发达，除了人以外，没有任何动物具备内省的能力，因此大脑承载的负担也非常重。大脑进行内省的时候，前额叶皮质担任总指挥的角色，人在"直面自我"的时候，大脑会以前额叶皮质后方所有的大脑部位为对象，进行信息检索，或是激活这些部位，这是非常消耗精力的。所以很多人即使想要内省，也会因为大脑想要远离疲劳而停止思考。

第二，则是第 1 章所讲述的，人类的意识有界限。人的意识仅仅是处理外部信息（通过五官获得的信息）就已经处于神经紧绷的状态了，如果再刻意阻断外部信息，将意识转向内部，正如"内省"字面意思所表达的，如果不是"有意识"地去做事，很难关注自己的内心。

特别是在当今这个时代里，我们几乎人手一台智能手机或平板电脑，这些数码设备不仅使人们的生活更加便利，而且会吸引人们的注意力，我们可以通过它们轻易获取刺激性、吸引眼球的信息，而且数码设备的这种吸引力与日俱增。无论是媒体、广告代理商、应用程序开发者还是信息发布者，他们一直在尝试和努力，目的就是吸引用户的注意力。

结果是，我们原本拥有的自由时间，越来越多地被碎片化的外部信息所占据，而与之形成鲜明对比的是，我们面对内部信息（自己）的时间越来越少。

从"认识你自己"这句名言开始，人类历史上一直在强调"直面自我"的重要性。在全球范围内对人类产生强烈的外部刺激的谷歌公司，却积极地鼓励员工进行冥想和正念训练，这也就不足为奇了。

容易依赖外部评价自己

给予孩子直面自我、审视自我的机会

如果一个人直面自我的机会很少，那么他很容易依靠外部信息认识自我。比如，老师、父母、同学，以及社交平台上他人对自己的评价等。不过，他人的评价也可能产生积极作用，不能一概而论地认为都是消极作用。但是如果一个人没有时间内省"原来我是这样的人"，而是一直处于他人的评价"你就是这样的人"中，那么他关于"自己的内部信息"就会一直被他人的外部信息影响。

我很喜欢诗人相田光男的一句名言："别人的标准，自己的标准，标准各不相同。"的确如此，用他人的标准来了解自我，所得到的信息固然重要，但是能够用自己的标准来审视自己才能真正称之为人。

如果人们完全通过外部评价塑造自我，那么大脑就会被周围人的意见左右，过于在意别人的看法，凡事无法积极地采取行动，大脑处于非常不稳定的状态，久而久之就有可能会"迷失自我"。

为了防止这种情况发生，我们要给予孩子机会去直面自我，在这个过程中，我们要向孩子提供支持，帮助他们从多方面了解自己，比如喜爱的事或厌恶的事、重要的事、执着的事、擅长或不擅长的事、想要做的事、感到喜悦的事等，对于孩子来说，充分了解各个方面，是非常重要的。

想要做到这一点并不难，最重要的是：

• 不要将大人的标准强加给孩子。

• 不要否定孩子。

只要这样做，孩子才能学会直面自己的内心。

只有具备元认知能力的人，才能培养孩子的元认知能力

运用元认知，在教育中激发孩子直面自己的勇气

如果一个人连直面自我都感到很困难，肯定做不到俯瞰性地把握自己，并从中有所收获。不具备元认知能力的大人，不可能依靠自己的力量完全掌握元认知。一流的运动员或企业家也会接受别人的专门指导，因为他们认为自己需要"思考的陪伴者"，以防止在了解自己的过程中陷入自我意识迷失。

当然，孩子们仅凭一己之力很难掌握元认知能力。要想让孩子们学会元认知，唯有让具备元认知能力的大人成为陪伴者，并且不断地适当启发孩子的大脑。

首先是训练孩子如何直面自我。等孩子学会坦然面对自己的时候，会不断积累成功的经验，那么孩子不再需要大人的帮助，

也可以自发地发现自己的问题并思考出对策，从而成为思想独立的人。

麹町中学对此进行了实证。

实际上，将元认知教育引入教育环境中最大的障碍，就是老师们未必已经掌握了元认知能力。工藤校长说，他刚到麹町中学就职时，没有几个老师具备元认知能力。

所以工藤校长采取的措施非常有效。他并不是盲目地要求老师们"提高元认知能力"，而是通过"三句箴言"将所有工作进行结构化、规则化：

- 建立自己做决定的组织结构。

- 建立表达自我的组织结构。

- 建立不与他人比较，将注意力转向自我成长的组织结构。

具体的内容将由工藤校长来介绍。在工藤校长的带领下，老师们认真思考这三种组织结构，并在教育中不断实践。结果，原本不具备元认知能力的老师，后来也可以在某种程度上扮演学生陪伴者的角色。

我一直坚信，老师应该帮助学生，使他们学会直面自己，并克服自己的问题。但是，这只是一种理想的教育状态。一位合格的老师，需要具有高度的元认知能力，而这种能力不是通过几天的培训便可掌握的。和孩子一样，大人也需要不断地进行实践才可以改变大脑。

在培养孩子元认知能力时，我们首先要意识到：掌握元认知能力没有那么简单，并非一朝一夕就能掌握。

如果现阶段未能掌握元认知能力，也不必感到焦虑，或是陷入自我厌恶中。如果身边没有具备元认知能力的老师帮助自己，那么我们不妨通过阅读教育书籍、听演讲、寻找能够辅助思考的工具、记日记，或是听从别人的建议等方式，慢慢地改变大脑的思考方式。

最重要的是，要随时关注，意识到自己是否具备元认知能力。

在这里，我有一个非常重要的建议。像工藤校长和木村校长那样，持续给予孩子积极影响的人，往往掌握了很多教育技巧，知道"如何对症下药"。他们的经验丰富，能够提出十分有效的建言，常常让我们恍然大悟，茅塞顿开。

虽然大家都想积极地运用两位校长的教育技巧，但仅仅通过阅读让孩子把知识灌输到脑海中，这些知识是不能为孩子所用的。如果不恰当地运用两位校长的教育技巧，往往容易使孩子陷入心理危险状态。

比如麴町中学的"三句箴言"。在本该严厉训斥孩子的时候，我们温和地询问孩子"你想要怎么做呢"，这样做当然是有效果的，虽然孩子明白应该怎么做，但是否会真正实践呢？我想应该很困难吧。

所以，最重要的是，找到适合自己的运用教育技巧的方法，让自己在心理安全状态下反复尝试。越是认为"自己以前不会尝试"，越要有意识地多进行尝试。

通过反复练习，我们就会习惯运用教育技巧。每当我们的情绪将要爆发的时候，这些教育技巧就会很自然地产生"反应"。虽然很难达到100%的反应，但发生的概率会大幅度提升。

锻炼元认知的理想主题① "纠结"

不让孩子局限于结果，孩子能更好地感受成长的过程

工藤校长将叙述应用于教育的具体技巧。在这里，我想要说明锻炼孩子元认知的两个最佳主题——"纠结"和"梦想"。

我们在成长的过程中会克服各种纠结，当遇到令人感到纠结的事情时，我们的第一反应是会感到痛苦，但事后回顾，可能很多人会觉得"正是因为当时克服了痛苦，所以才成就现在的自己"。

所谓纠结，就是在决策过程中"认为两个选项都正确，左右为难而无法选择的状态"。

就像大脑中有 A 和 B 两个自己产生正面冲突，无休止地争吵。大脑一边调取各种信息，一边拼命地去寻找一个无法得到的答案，因此会消耗大量的能量。研究表明，当人处于纠结状态时，会引起强烈的压力反应。

纠结会令人痛苦，这是一种自然反应，所以很多人一旦陷入纠结状态，就会觉得"太麻烦了"，从而停止思考。事实上，长期处于纠结状态，会导致海马体萎缩，甚至会引发抑郁症，所以我们一定要注意，别让孩子长期处于慢性压力状态中。

但是，如果我们换个角度来看，所谓"A和B两个自己产生冲突的状态"其实是从多角度俯瞰自己。当我们认识到"原来我有两种不同的想法""我以前一直是这样思考的，现在可能还有其他思路"，对于孩子来说，这种认识能够从多角度了解自己，就是巨大的收获。

为了从纠结中有所收获，我们必须让纠结的事实、自己做决定的事实以及最后的结果，这三种时间序列的信息同时启动。恐怕孩子自己很难做到，所以老师和父母就是重要的协助者。

当孩子取得成功后，父母不仅为他感到高兴，还要提醒孩子："成功的确要经过不懈努力。"而面对失败的孩子，父母在安慰他的同时，还可以对他说这类鼓励的话："你已经靠自己的努力完成很多事情，这不就是一种成长吗？"

孩子们多次经历这种体验，之后在面对纠结的状况时，就会觉得纠结并不是一件坏事。

不要让孩子局限于结果是成功还是失败，而要让孩子学会感受"成长"的过程。这样，当孩子做每件事时，内心就会自然产生"这样做会有什么收获"的期待感。

有很多孩子纠结升学的事情。比如，父母希望孩子能够考进重点学校。孩子并不厌学，也不想辜负父母的期待，知道如果考上重点学校，未来的发展可能会更好。但是孩子的内心很喜欢艺术，对艺术类学校更感兴趣。如果此时父母没有注意到孩子内心的纠结，而采用强制手段阻止孩子的纠结，告诉孩子"别抱怨了，你要听话，去考重点学校吧"，这样做是不利于孩子的学习和成长的。

如果孩子按照父母的要求选择上重点学校，之后学业不顺利，便会觉得"都是因为父母，自己才会变成这样"，因而心生抱怨，后悔不已。

如果每次遇到问题，大人都会对孩子说"要这样做""要那样做"，那么本身也时常会纠结的大人，不仅无法培养出能够独立做决定的孩子，反而还会培养出逃避问题的孩子。这真的是我们所期望的吗？

你可能已经注意到，工藤校长的"三句箴言"正是可以防止纠结的方法。纠结也是一种大脑训练，大人不应该阻止孩子纠结。

锻炼元认知的理想主题② "梦想"

尊重孩子的梦想，是孩子成长最大的动力

　　与纠结的主题一样，"梦想"和"目标"也是锻炼元认知的
理想主题。为孩子们创造一个可以不断描绘自己梦想的环境，这
是大人的职责，也是一种元认知训练。

　　在这次研究活动中，我多次聆听了工藤校长和木村校长的讲
话。他们的发言直抵人心，令人印象深刻。不管别人如何反驳，
或是从各种角度提出质疑，他们都始终保持着坚定和一致。两位
校长之所以能做到始终如一，就是因为他们在平时会进行深入思
考，并且每天实践着各项教育活动，最终在大脑中留下了深刻的
记忆。

　　很多人能够清楚地表达自己想要成为什么样的人，以及想要
实现的目标。相信你也有这种经历，年初便会制定今年的目标，

写下未来的梦想。

但是，在大多数情况下，这些行为只是前额叶皮质在一瞬间产生的想法，然后下意识地产生"反应"所得出的答案而已。重要的不是"反应"，而是要将思考变成一种稳定的"状态"，我们每天要坚持思考自己想要的状态和想要实现的目标，这是非常重要的。

反复思考一件事，进行深度思考，并且从宏观、微观去观察，然后进行模拟训练，这样的话，最开始只有黑白色调且模糊不清的梦想，就会变得生动立体，宛如现实一般。

无论是运动员还是企业家，凡是想要实现伟大梦想的人都有一个共同点，那就是坚持思考。据说，苹果公司联合创始人史蒂夫·乔布斯每天都会对着镜子自我对话；松下幸之助先生每天都会激励自己。

为什么持续不断地思考能够训练人的元认知能力？这是因为无论多么不擅长元认知的人，最先关注的人都是自己。

一个人的目标模糊，可能无法锻炼元认知能力，但是如果他提升目标的清晰度，认真思考怎样实现目标，直面自己的优点、缺点、信念等，那么他就有可能实现目标。

　　我们想要实现梦想，就要直面自我、提升自我，这将是我们一生的追求。我们不知道孩子的内心从什么时候开始勾勒出梦想的样子，即便孩子现在没有梦想，我们也没必要去责备他。但是，一旦孩子描述出自己的梦想，我们就应该尊重、支持孩子的梦想，提高孩子对实现梦想的热情。

通过元认知实现的幸福感

想要感受幸福，就要经常审视自己的幸福

元认知不仅能够促进我们成长，而且关系到每个人的幸福。

我的性格原本有点孤僻，对于不理解的事情不感兴趣。在接触神经科学、开展大脑研究之前，我一直重视理性思考，我将那些用逻辑难以理解的人的"情感"放在次要的位置。但是，随着对大脑的深入了解，我意识到，情感和感觉对一个人的思考模式和行为模式有直接影响。

我研究的核心主题是"什么是人的幸福"。

我得出的结论，就是"想要变得幸福，就要经常审视自己的幸福"。所谓幸福并不是从外界寻求而来，而是积极地面对自己，才能进一步实现的"幸福状态"，即"幸福感"。

"幸福"（Happy）和"幸福感"（Well-being），两者似是而非。幸福是大脑的短暂反应，由于大脑受到与平时不同的刺激后，平衡状态被打破，大脑的某个部位产生了电反应、化学反应。但是，如果大脑平衡状态被破坏后，还是会恢复原状，因此在出现幸福的反应时，如果我们没有意识到幸福，那么幸福就很难留存在记忆中。

所以，我们要把个别的反应看作"点"，然后通过元认知把"点与点"连接起来，这样就会认识到"自己的人生，充满幸福"。

找出每天最开心的事

通过元认知训练，让孩子拥有感知幸福的能力

如何提高孩子的元认知能力和自我肯定感，并同时实现幸福的状态呢？我向大家推荐一个简单又有效的方法，那就是每天询问孩子："你今天发生了什么开心的事？"

比如，全家人可以在吃饭的时候互相讲述自己今天最开心的事，这样父母也进行了元认知训练，同时可以替换大脑中储存的负面信息。当然也不用每天在固定时间训练，这项训练可以融入日常轻松的对话中。不过最好每天都进行训练，这一点非常重要。

如果我们想让负责内省的神经回路变粗，就需要多进行内省练习。人原本就比想象中更容易遗忘事情。时间久了，大

脑会遗忘大部分信息，只留下印象深刻的记忆（专业术语称为"峰终定律[1]"）。

越是让人产生强烈情感的记忆，越容易储存在海马体上，所以那些峰终定律的信息往往会给人带来"被责骂""失败""羞耻"等消极体验，容易忘记日常生活中小小的幸福。所以，我们应该在记忆"新鲜"的时候对自己的生活进行回顾。

我们留意细微的信息，代入自己的感受进行回忆、共享，可以慢慢找到与自己相关的正面信息。在与他人交谈的过程中，我们也会对自己的兴趣、感知的幸福等，建立起元认知。

另一个要点就是"倾听者要充分理解对方的话语"。在我主办的工作室里，偶尔会有人听了对方的话后提出"怎么了""为什么""是什么"等逻辑性思维问题。当然，虽然用语言表达出自己的反应也是一项重要的元认知训练，但对于孩子来说，这是一种高难度的技术，毕竟大脑回路不是一朝一夕就能形成的。

人的感觉和情感原本就是非语言的反应，有时候做一件事并不需要任何理由。但是我们不要因为无法用语言说明理由，就

1　是指人们主要根据体验的高峰和结束时的感受来判断体验的好坏，而过程的体验对于记忆的影响几乎可以忽略不计。

轻视情感的反应，非语言反应同样重要，这样大脑才更容易产生"真不错""好棒""好开心""非常喜欢"等积极的情感。

实际上，人脑中有一个叫作前岛叶皮质的区域，可以主观地监控情感强度。在日常生活中，大脑不经常使用这一部位，但是如果我们每天不断地回忆那些令人开心的事，前岛叶皮质就会在"用进废退"的原理下被强化，于是哪怕是微小的幸福，也能被大脑轻易察觉。

我们首先要接受"虽然不知道原因，但我确实有这种感觉"的事实。

我们可以等到大脑善于内省后，再训练表达自己内心的想法。

最后，请允许我分享一位男士在听过我的演讲后的感想。这位男士是一位精明能干的企业家，无论在家里还是在职场都干劲十足。他每天回家后会跟孩子开会进行内省。这是典型的职场人士的做法，即每天都充满问题意识，想要改善孩子的行为。

在父亲的强制管理下，孩子丝毫感受不到幸福。虽然父亲也不希望如此，但还是坚信"让孩子掌握解决问题的能力，一定会对孩子将来有帮助"。

　　听了我的演讲之后，这位男士的思维有所改变。他说，在之后的会上，他将注意力放在孩子每天的收获以及让孩子感到快乐的事情上，结果亲子相处时的压力减少了，家人之间的对话增多了，最重要的是，一家人每晚都在幸福的氛围中入眠，这令他十分欣慰。所以，请大家一定要试试这个方法。

第 **5** 章

锻炼孩子
元认知能力的方法

工藤勇一

UP!

元认知能力需要具体和持续地训练

在实践中培养孩子的元认知能力

　　我在麹町中学一贯坚持的教育目标，就是培养孩子们的"自驱力"。自驱力相当于脑科学的核心概念"元认知能力"。青砥先生已经说明神经科学的定义，而我会用如下表述向孩子们解释元认知的定义：

- 了解自己的能力

- 自我控制的能力

- 自我成长的能力

- 把消极转变为积极的能力

　　正如青砥先生所指出的那样，人不能够轻易地掌握元认知能力。我身边有很多人参加了旨在提升元认知能力的研讨会，也有很多人接受了相关的指导。但是，这些人未必能够提高自己的元认知能力。

对元认知的学习，这些人之所以不能达到理想的效果，是因为他们只停留在理解相关理论的阶段。还有很多人虽然能亲身实践理论，但是并没有坚持实践。

所以，想要让孩子在学校掌握元认知能力，孩子、老师、父母都要充分理解"了解自我、改变自我"的重要性，并在此基础上，父母要努力创造一个机制，在确保"三句箴言"所代表的心理安全感的同时，对孩子不断进行元认知训练，这是至关重要的。

优秀的人善于了解自己

多鼓励孩子，帮助他克服"三分钟热度"的习惯

那么，怎样才能让孩子们理解元认知的重要性呢？麹町中学为了让孩子们理解元认知的概念和重要性，用最常见的"三分钟热度"现象，进行举例说明。这种做法对任何学校和家庭都适用，希望能够为大家提供参考。

几乎每个人都有"三分钟热度"的经历。在麹町中学也是如此，当被问起"有没有人做事是三分钟热度"，没有一个孩子举手。而如果问到"做事三分钟热度很丢脸吗"，几乎所有人都举起了手。

明明大家都有过"三分钟热度"的经历，但为什么会对此有一种羞耻感呢？可能是因为当孩子想要挑战新事物的时候，大人会漫不经心地说"加油""忍耐一下"等鼓励的话。

大人鼓励孩子要"加油"，当孩子做得不好的时候，就会认为"是因为自己没有努力"，从而将失败与不够努力联系起来。

据说，做事认真的女孩容易患上过劳综合征，因为她们在头脑中根深蒂固地认为"想要成功，必须要努力"，导致压力超出了自己能力的负荷。

不过，大脑原本就不是为了"努力"做事而存在的，正如青砥先生所说的那样，出于维护体内平衡和保存能量、本能防卫等原因，大脑会自行阻止新事物和不同的事物，或是让人感到痛苦的事物进入大脑。

也就是说，"三分钟热度"对人们来说是再正常不过的事情。我们对"我一点都不努力，真是太失败了"感到自责，或者靠"加油"等鼓励来克服"三分钟热度"的习惯，这都是错误的。

如果孩子认为自己"一点都不努力，真是太失败了"，那么大人应该认真地告诉他"你一点都没错，每个人都会经历失败"，这样可以帮助孩子改变"三分钟热度"的习惯，提升他的元认知能力。

那么，要想改变"三分钟热度"的习惯，具体要怎么做呢？

人的大脑有一定的惯性思维，在无意识状态下，即使想尝试新事物，大脑也很难接受。只有有意识地不断适应新刺激，让大脑养成习惯，才能抑制大脑对新事物本能的排斥反应。也就是说，如果想要克服"三分钟热度"的习惯，就要让大脑重复接受新事物。

那么，如何进行重复呢？在这里，我用一位运动员的例子来说明。

橄榄球运动员五郎丸步在发球之前会做出各种动作，这种行为模式被称为"标志性动作"。据说，五郎丸步为了在比赛过程中充分发挥自己的实力，和球队的心理教练一起想出了一个标志性动作。

在紧张的状态下，对自己说"不要紧张"是无济于事的，五郎丸步先承认自己很紧张，然后他想出一个动作，即使在自己紧张时，也能多次实现进球。

每个人都有紧张、想要放松、注意力不集中的时候，或是遗忘的时候。重要的是，我们要事先了解自己，在哪种情况下容易进入哪种状态，然后思考用哪种方式能够防止这种不良状态出现。

　　除了"标志性动作"的例子之外，我经常会用美国职业棒球大联盟（MLB）球员大谷翔平来举例，他在高中时代使用曼陀罗计划表。

　　曼陀罗计划表是一种思考工具，主要表达在实现目标过程中的相关问题。曼陀罗计划表的具体做法是将一张纸分成 9 格，然后将每格再分成 9 格，这样一共就有 81 格。

　　在位于最中间的格子里写出最终目标（在与 8 支球队比赛中获得第一名），而在中间格子外围有 8 个格子，上面分别写上实现最终目标的方法（也就是课题），然后这 8 个格子又分别被外面 8 个格子包围，在上面写出实现这些课题的具体方法。

　　比如，大谷翔平想要在一场比赛中获得第一名。他认为，想要获得第一名，就要提高自己的运气。于是，他帮忙捡垃圾、打扫房间、主动跟人打招呼。据说，现在人们还能听到大谷翔平捡垃圾的事情，这些行为已经成为大谷翔平的习惯。

　　最重要的是，大谷翔平肯定没有从怀疑"自己不是一个努力的人"的视角来审视自我，而是客观地分析自己的问题。要想解决遇到的问题，就必须意识到问题出在哪里。所以大谷翔平才特意将相关问题写进曼陀罗计划表（可能还会贴在墙上），让自己随时可以思考。

无论是五郎丸步还是大谷翔平，他们都很了解自己，能够客观地审视自己。但是他们意识到，仅仅这样做是不够的，要想改变自己的潜意识，就必须给自己的大脑灌输重复的信息。

为什么让孩子自己解决问题?

独立解决问题的孩子，能够更从容地面对未来

麴町中学以"三句箴言"为指导思想，为了提升学生的元认知能力，一直贯彻"让孩子自己认清问题，自己思考解决方法"的理念。这样做是为了让孩子意识到自己的问题，并努力解决各种问题，这种体验可以让孩子终身受用。

孩子能自己解决问题，这是非常重要的能力。当然，大人可以为孩子提供帮助，但最终还是要让孩子自己解决问题。

通过经验而学会的行为特性，我们称为能力。在企业面试中，面试官经常会问，"你在上一份工作中取得了什么成果，当时遇到什么问题，你是如何克服那些问题的"等。其实，面试官想了解面试者在回答问题时，是否具备解决问题的能力，即如何控制情感，如何从全局俯瞰问题，如何为了实现目标而采取策

略，如何调动资源，等等。

一个人的能力素质是无法通过笔试来完全展现的。能力素质是评估个人能力的重要标准，而元认知能力则是能力素质的核心技能。

一旦人们掌握了某项能力，接下来便可以轻松地运用它。这样一来，就可以进一步积累经验，然后不断地锻炼这项能力。

一个人儿时在体育和音乐等方面获得成功经验，他只要在学习方面认真努力，就会有所收获；如果一个人在经营方面获得巨大成就，即便换个行业，他也可以在经营方面有突出的表现。即便所掌握的知识不同，基础的能力也是普遍适用的。

虽说十几岁、二十几岁的人在元认知能力方面存在个人差异，但其实差距并不明显。到了四十岁时，不断训练自己元认知能力的人（知道如何让自己与时俱进的人）与从来不训练元认知能力的人之间，就会产生巨大的差距。

正因如此，我认为学校的职责就是要训练孩子的元认知能力，至少让孩子在进入社会前能够掌握基本的生存能力。

从"不反省"开始

经常自我反省，不利于孩子性格的养成

从前面所举的"三分钟热度"以及"标志性动作"的例子中，我们可以看出，俯瞰自己的练习可以让人获得元认知能力，不过此时需要注意"不反省""不过度责备自己"。因此，父母和老师必须做到"不责备孩子"和"不否定孩子"。

当然，在进行元认知训练的过程中，孩子们应该多了解和自己相关的信息。另外，专注于自己的训练也是必要的。不过，正如青砥先生所说的那样，现实总是事与愿违，孩子们会受到学校和家庭、补习班、同学等的外部评价影响。

在塑造元认知能力时，最重要的是意识改革。不要把与自己相关的信息和评价当成"否定自己的证明"，而应该将之变成"自我成长的养分"。这种意识改革是所有问题的出发点。

错误思维	正确思维
努力成为一个理想型的人。	人是不完美的。
不允许失败。	人都会失败，失败并不可怕。
要去上一所好学校。	学校只不过是训练场所而已。
要合群。	每个人都有自己的个性。
要靠气势取胜。	办不到是很正常的事。

这种意识改革不能仅限于在学校里推广，应该普及推广。如果大人一直否定孩子，即便孩子能够俯瞰性地认识自己，也很难改变遇事责备自己的习惯。结果就是学校会培养出失去自我肯定感、缺乏自我意识的孩子。

当我说服别人的时候，我深切地体会到了"不否定"的重要性。与元认知能力强的人交往则另当别论，但是如果突然对深信自己的人说"你这样做不对，应该这样做才对"，否定对方，那么对方的第一反应肯定不是"是的，你说得没错"。否定别人，只会让对方火冒三丈，无法进行理性的判断，最终造成彼此在情感上的对立。

因为人们原本就很难俯瞰自己，所以一旦别人否定了自己认为对的事情，人们就更加无法正确地审视自己。

当然，培养孩子元认知能力时也是如此。大人要注意保护孩子的心理安全感，不否定孩子、不责备孩子、不让孩子过度反省。这样孩子就能够理性思考，有时还能够坦率地承认自己的错误。

不当的言语会剥夺
孩子建立元认知的机会

正向肯定，有助于激发孩子的内驱力

大人对孩子所说的话，对孩子来说具有非常重要的意义。

比如，在孩子练习演讲的时候，想要让孩子发现自己存在的问题，最有效的方法是录像和录音。我在担任老师时，会录下上课的全过程，带回家听，听完能发现很多问题，比如"最好把这句口头禅改掉"，或是"这句话可能会伤害孩子"等。不管一个人多么不擅长客观地、俯瞰地观察自己，只要通过录像和录音，就能更加了解自己。

比如，我们用手机录下孩子的演讲，会明显发现孩子演讲时有些害羞，还有很大的进步空间。然而，大多数家长会无意识地对孩子说："你怎么这么害羞啊！"事实上，这句话会阻碍孩子的成长。

现在很多种教育思想的主要理论是督促孩子进行反省。当老师对孩子说"请面对自己""请正视自己"时，意思都是要求孩子去反省自己，这样做是不对的。

当孩子看完录制的演讲视频，他会意识到自己在演讲时很害羞，想要主动去解决这个问题，于是会有意识地思考：怎样做才能在演讲时不害羞呢？

但是，如果大人对孩子说"你太害羞了"，孩子的脑海中就会留下"我的演讲很失败"的记忆，意识就会被反省、后悔或是对未来的不安所占据，"我要表现得更好"的想法就会被削弱。同时，孩子对给自己带来负面反馈的大人也会产生不信任感，更不愿意与大人交流了。

即使孩子有客观了解自己的机会，但大人总是不断地打击孩子，孩子也不会"安全"成长。在这种情况下，大人应该怎样表达呢？其实，关键点类似于"三句箴言"：

- 不否定孩子，肯定孩子的现状。

- 询问孩子怎么想、打算怎么做。

- （根据情况）孩子说的和想的完全相反。

• 在上述三个关键点的基础上，询问孩子是否需要帮助。

举一个比较理想的对话案例，括号里的内容是想要表达的真实意图。

"这不是挺好的，你怎么看呢？"（用肯定语气引出话题，询问对方的感受）

"唉，不过……我总感觉手足无措……"

"其实完全没问题，你是不是想要做得更好？"（孩子有反省的意图，于是便肯定孩子，确认孩子的想法）

"是的。"

"你的想法确实不错，而且你能发现问题出在哪里，要是在行动上有所转变就更好啦。"（表扬孩子发现了自己的问题，提高他想要改变的欲望）

"对，的确是这样。"

"你已经发现可以把事情做得更好，对吧？如果你想知道怎么做，我可以给你一点建议。"（告诉孩子有解决问题的方法，最后让孩子自己做决定）

像这样，大人需要引导孩子接受自己原本的样子，让孩子思考如何成为更好的自己。有的孩子可能表达出来的内容与内心的想法完全相反，对大人有抵触情绪，但是大人最先要做的是，及时地肯定孩子，确保孩子不失去反省的勇气。

当然，这种做法并不能总是奏效。虽然老师能够在学校引导孩子、肯定孩子，但孩子在家里可能已经接受过否定式的教育。不过，只要老师平时注意这些问题，即便受到过"否定式"教育的打击，我们也能够进行补救。

让孩子充分意识到过程的重要性

引导孩子关注努力的过程，而非结果

如何帮助孩子增加直面自我的机会？最简单的方法是将孩子的注意力转移到过程中，而不是结果上。如果大人总是不自觉地采取"对结果进行表扬的行为"，那么孩子不可能将注意力转移到过程中。

如果我们不断地对过程进行表扬，那么孩子的意识就会发生变化，开始追求"过程的质量"。

最典型的一个例子，就是麹町中学废除了定期考试和课外作业。如果进行定期考试，"在定期考试中取得优异的分数"就容易成为学生们的目标，这样就会出现平时不学习，考试前熬夜复习的现象。另外，如果布置作业，学生就会把"交作业"作为做作业的目标，做作业时只做自己会的题目，忽略不会的题目。

学习的目标是要掌握"不会的题目"，所以考试和作业，这种带有目的性的任务会消耗学生珍贵的时间。特别是课外作业，学生只能按照老师的要求完成，无法自主选择作业内容，这样会使学生对学习产生消极反应。

总之，无论是定期考试还是布置作业，都会与"提升孩子的学习能力"这一根本目的背道而驰。

所以麹町中学废除了定期考试，取而代之的是出题范围有限的单元测试，而且从根本上改变了评价机制，允许单元测试分数不理想的孩子重新测试。同时，麹町中学也取消了课外作业，这样孩子必须确立一个适合自己的学习模式。

彻底地改变评价机制，孩子们的思考模式就会自然而然地朝着"理解不会的问题""虽然测试成绩不理想，但我会更加努力"的方向改变。很多人认为，如果取消定期测试和课外作业，孩子们就不会学习，但这只不过是大人根深蒂固的成见——"不命令孩子学习，他就什么也不做"。

比如单元测试的重测机制，对于激发学生的学习欲望效果明显。在这种机制下，学生是否参加重测完全自愿，重测的分数也可以作为正式成绩。于是，孩子头脑中的想法会发生变化，以前会跟同学们比成绩，现在则希望通过重测，挑战自己的测试成绩。

有的孩子第一次测试成绩不理想，想要提高成绩，于是便思考怎样才能掌握"不会的问题"。他们会询问同学、上网查询、请教老师、去图书馆研究资料等，不断试错、不断进步。当然在这期间，老师完全不会要求孩子做这个、做那个。

最初孩子们会不知所措，大部分孩子会尝试询问身边的朋友，或是信任的老师。对于很多孩子来说，这本身就是一种特别的体验。如果他们能够通过他人的帮助解决问题，就会懂得"遇到困难的时候，可以询问其他人"。

在多次重测后，有些孩子开始觉得"问同学就可以解决这个问题，不过我自己可以解决吗"，从而想要改变自己的学习方法。

有的孩子会问好朋友："我们班谁的数学成绩最好呢？"他会主动地向数学成绩最好的同学寻求帮助。如果顺利获得帮助，他就会认识到"有一个遇事可以商量的人非常重要，扩大自己的人脉就会增加可以商量的人"，从而重复这样的过程。

在麹町中学，孩子们到了三年级以后，即使老师不做要求，大家也会积极主动地互相学习、探讨问题。前来学校视察的人们都会对这种情景感到惊讶，麹町中学之所以能够营造这样的学习环境，是因为通过对整个环境的改造，让孩子们将全部注意力集中到过程中，而不是仅仅停留在结果上。

"模仿"的好处

模仿他人，是自我成长的一种捷径

如果孩子们能够自由地探寻适合自己的成长方法，就可以成为在积极心理学上被称为"模仿"的孩子。所谓"模仿"是指对一个对象认真观察分析，并努力让自己的行为与该对象更相像。

正如青砥先生所说的那样，俯瞰就是将自己的理想模样与现实中的自己做比较，这种比较可以让人更容易聚焦自己的问题，是快速成长的重要方法。

比如，经常被电视报道的东京原田左官（左官指泥瓦工匠）工业所。一般来说，想成为一名出色的泥瓦工匠需要花费 10 年的时间，但是在东京原田左官工业所，工人入职仅需两个月就可以掌握现场施工的技能，4 年就可以成为一名出色的工匠，这里培养人才的速度远远超出常规。之所以能够快速培养人才，原因就在于"模仿"。东京原田左官工业所拍摄了大量工人刷墙的视频，然后让工人将自己工作的视频与熟练工匠的视频进行对比，并模仿熟练工匠的动作，这样就可以在最短时间内培养出熟练的工匠。这与工匠界"没做过长期学徒就不要碰工具""跟在师傅后面看着学"的传统模式是完全不同的。

当然，我们并不是主张强制所有孩子去模仿。最重要的是，要让孩子找到适合自己的方法。如果孩子一直找不到解决问题的方法，我们可以鼓励他"模仿朋友的好行为"。其实，问题的关键在于孩子能否以此为契机去俯瞰自己。

如果打网球的孩子认为"学习高手的打法"这个方法有效，他就会产生"把自己的挥拍动作拍下来，与高手作对比"的想法。如果比较之后还是不了解自己的问题所在，他可能会去寻找一位指导者。学校采用这种方法教育孩子，孩子进入社会后，一定也可以通过模仿的方式实现自我成长。

用语言表达出孩子忽视的进步

善用鼓励的力量，推动孩子的点滴进步

在我看来，老师的能力不完全是由知识量决定的，而是由"选择词汇的能力"所决定的。越是认真对待孩子的老师，越能深切地感受到，自己的一句话可能会改变孩子的人生。

我担任老师的时候，每到学期末的晚上都会思考到很晚，我会思考在成绩单上写什么评语。如果只是对努力的孩子写"非常刻苦"，对不听话的学生写"要听话"，这样简单的评语，每位老师都会写。

这时候，我会注意表扬孩子没注意到的进步。这种方法对大人也适用，如果表扬了孩子没有注意到的进步，他们不仅会感到开心，而且会留意被表扬的内容。虽然当时我还不具备脑科学的相关知识，但实际上也为锻炼孩子的元认知创造了契机。

比如，有的孩子总是心神不宁，在课堂上来回走动，不听老师的话。这种孩子，虽然老师想要"表扬他"，但老师的脑海中总会浮现孩子的不当表现，所以大部分老师到最后都会批评孩子。

如果我们仔细观察孩子的行为，就会发现就算孩子有 99% 的不当行为，他也会控制自己，避免给老师带来麻烦。如果老师能注意到这一点，表扬孩子 1% 的积极行为，告诉孩子"老师希望你在课堂上控制自己的行为"，那么从下学期开始，孩子的行为就会发生变化，之前自我控制的行为只占 1%，后来可能就会增加到 5%、10%。

如果老师对孩子心怀期待，孩子的行为就会发生变化，这种现象在教育心理学界被称为皮格马利翁效应[1]（教师期望效应）。与其说是"期待感"改变了孩子，不如说是新的"语言"进入孩子的大脑，孩子开始注意这些语言，因而产生了变化。

比如，老师和孩子的妈妈单独谈话时，即使孩子没有表现出良好的行为，老师也会对孩子的妈妈说："孩子最近变得稳重了，他更优秀了。"第二天，老师问孩子："妈妈对你说什么了？"孩

---

[1] 又称罗森塔尔效应。一种社会心理效应，认为老师对学生的期望，会在学生的学习成绩等方面产生效应。

子就会有些难为情地说："妈妈竟然表扬了我。"这就是一种应用皮格马利翁效应的谈话方式。老师说："你妈妈告诉我，你最近有意识地控制自己了，实际上你确实也做到了。"

这样和孩子说话，孩子就会回答："哎呀，不是吧……"实际上，从这天开始，我们就会发现孩子的行为发生改变了。

按照青砥先生的建议，用语言向孩子传达他没有意识到的进步，可以在孩子原本的自我认识基础上，为他带来新的自我认识，这两种认识可以同时产生力量。只要孩子能够意识、领会到"我原来是这样的人""我在发生积极的改变""别人认可我的行为"，那么他就会朝着这个方向发展。

当然，也会有相反的效果。大人用语言向孩子传达他没有意识到的缺点，就会导致皮格马利翁效应的负面作用。遗憾的是，这种教育模式很常见。

"一年级学生容易出现的问题"就是一个典型例子。学校中有一些不能参与集体活动，或是坐不住的孩子，这原本不足为奇，问题在于学校的机制无法接纳这些发展特性不同的孩子。当老师对孩子说"你为什么不能好好坐着"的时候，孩子便会产生自我否定，认为"自己连坐都坐不好"。所以，大人应该深刻认识到语言对孩子造成的影响。

不要过于在意人际关系的烦恼

全面地看待自己和他人，才能处理好人际关系

每个人都会遇到自己讨厌的人，或是难以与之相处的人。在学校，一个班上聚集了三四十个人，人与人之间一定会有矛盾发生。对于孩子来说，很多时候同别人不愉快的相处会成为压力的来源，无论大人怎么说"人际关系就是如此"，孩子都无法和不投缘的人相处。

我曾经与一些孩子进行交流，这些孩子因人际关系处理得不好而倍感困惑。在这里，希望这句话能给老师们启发："人之所以会感到不称心，是因为太在意有些事。"这句话有一定的冲击力，可以让孩子的意识发生较大的改变。

亲子之间也容易产生人际关系的烦恼。比如，那些有自卑感且"逃避挑战"的父亲，看到自己的孩子很懦弱，就会怒气冲冲

地责骂孩子，因为他很容易带入自己的情绪。

如果有人对他说："你这么生气，不就是因为你太在意了吗？"这可能会使父亲去俯瞰自己的行为，从而控制自己的情绪。

这个道理对于中小学生来说可能很难理解，而高中生就能理解。这句话的意义在于，只需指出这种问题一次，孩子将来遇到人际关系的困惑时，就会思考"为什么我在这个人面前会焦虑"，然后全面地看待自己和对方。

每当与别人出现冲突，或是人际关系中有不愉快的经历时，我们就能够借此更加了解自己。

如何提升老师和父母的元认知能力？

不将自己的想法强加给孩子，要思考如何支持孩子

青砥先生指出，想要锻炼孩子的元认知能力，就需要具有元认知能力的大人提供支持。我非常赞成这一观点。

就算学生会在学校里自律地学习，也很少有老师教学生"养成自驱力"的方法，一般学校里指导型人才是非常稀缺的。对此，我以乐观的态度看待这种情况。

因为无论是老师还是父母，只要他们不将自己的想法强加给孩子，而是转变观念，思考自己能为孩子的未来提供什么支持，那么他们和孩子的相处会对训练孩子的元认知能力有益。

相关证据（这么说可能有点夸张）就是，麹町中学虽然会告诉老师元认知能力的重要性，但是从来不会强制老师接受元认知

及相关的课程研修。

因为麴町中学是公立学校，所以老师的轮换比较频繁。但是，就算是新老师，只要遵循麴町中学的教育目标和指导方针，在学校工作一年，就可以成为能够俯瞰自己、控制自己行为和情绪的人才。

回忆过往，由于最初担任老师时经验不足，我经常使用"做得好""你很努力了"等情绪化的话语鼓励学生。学生听到这些话的一瞬间确实会很开心，不过我很快发现，他们有时很享受我的夸奖，有时则不然。

我向孩子提出建议的时候也是如此。有的孩子因为烦恼而闷闷不乐，有的孩子想要通过自己努力解决难题，有的孩子在大人施加的压力下几近崩溃，每个班都会有一些孩子存在各种各样的问题。如果我们总是对孩子进行说教，或是过度表扬孩子，那么对孩子的成长是不利的。

后来，我会尽量客观、多角度地观察孩子的状况，每天都会思考如何恰当地表达才能帮助孩子成长。

当然，老师要求学生时，很容易表现出自以为是，所以老师让学生做事的时候，要留意他们的表情、语言、行动等方面的反应。

如果老师不理解孩子的表情，可以直接问他："你有什么想法呢？"

反复进行这样的交流之后，老师不仅可以理解孩子，对自身的理解（孩子是怎么看待自己的）也会加深，而且对孩子无意识地使用伤害性语言的习惯也会逐渐改正。

我深知语言的威力，所以我会谨慎地表达。比如，我们之所以会对情绪容易激动的孩子说出"你要冷静地面对现状，可以控制情绪吗"这种高高在上的话语，是因为事不关己。当我看到孩子听了我的话之后，能够控制住自己的情绪，我也在想"如果换成我，我能不能控制情绪"，于是我开始改变跟同事之间的沟通方式。

我在20多岁的时候，由于心中理想学校的教育与现实差距太大，因此在与学校领导和同事的交流中非常焦躁，有时还会说出很尖锐的话。毕竟当时我还没有丰富的俯瞰事物的经验，无法接受那些不符合我的教育理念的人。但是，现在我会对孩子说："即使再焦躁，也无法解决问题。"于是我开始对"情绪化的自己"重新进行思考和分析。

以下两方面的思想转变，使我认识到元认知可以极大地提升自我控制能力。一方面，是我一贯主张的"回归最高目标"的想法。为了实现"为了孩子"这个最高目标，虽然有的老师令人讨厌，但直接与其发生冲突绝非上策。想要改变这种处境，应该采取哪些行动呢？这值得我深入思考。

另一方面，则是"不要将自己的理想强加在他人身上，因为任何人都处于发展中，有不同的可能性"。这是我从当时的工作中获得的感悟，我认为，无论孩子多么反抗老师，只要我一直耐心地教育，最终会赢得他的信赖。孩子心智不够成熟是很正常的，对孩子太过于感情用事并非专业老师的行为。

我开始把转变后的思想应用到职场中，并试着改变自己的想法，"不要认为上司是完美的人，试着接受上司不完美的样子"。于是，我在职场中的人际关系压力减少了很多。

因此，只要我们持续不断地研究可以帮助孩子成长的语言，这些语言最终也会反作用于我们自己。我们可以以这种反作用为契机，训练审视自己的能力，并逐渐改变自己的行为。如果能够产生理想的效果，我们就会觉得"原来这就是元认知能力啊，我再试试"。

所以，先从俯瞰事物开始训练孩子吧。

效果好的就继续下去，
效果不好的就放弃

从孩子的行为中，审视自己的教养方式

　　出于工作原因，我一直和很多厌学孩子的家长保持联系。事实上，我对这些家长做工作时使用的方法也是基于元认知。我认为元认知适用于各种状况，在此向大家说明。

　　其实大家需要做的很简单。就是让孩子在做事的时候，"把做得好的事情和做得不好的事情分别写出来，然后由父母共同研究，哪些事情能得到好的结果，就继续下去；哪些事情的结果不太好，就放弃"。

　　家里有一个因某些原因而厌学的孩子，这种做法之所以有效，是因为在这样的家庭里亲子合作共同解决或放弃某些事情比较容易坚持下来。用专门术语表达就是"框架"或"结构"。孩子在最初不上学的时候，就要找到厌学的原因。

如果能找到相关原因并解决问题，孩子就会摆脱厌学的状态。但是这种努力也不一定有效果，很多时候反而让孩子的状态更加糟糕，因为这样做会涉及相关责任的追究。比如，到底是谁的错？是孩子本人、学校，还是孩子的朋友？或者是孩子的母亲、父亲？我们会陷入自责或责怪他人的状态中。当然，这也会对孩子造成很大的影响。

要想摆脱这种状态，就必须破坏这种稳定的框架（也就是认知重建）。不过，仅凭自身的力量去改变自己潜意识中的思考模式、行动模式是非常困难的，需要值得信赖的第三者的帮助。

认知重建分为两个阶段。第一阶段，就是明确地告诉父母"停止自责，即使是夫妻之间也不要互相责备"。正如本书所反复强调的那样，"不反省"是元认知的出发点。

实际上，孩子厌学只是出于某种原因，跟父母的教育方式没有直接关系。不过，父母平时越是责备自己或是别人，这种家庭出来的孩子就容易越责备父母，这种情况往往会导致家庭关系僵化。这是我们首先要解决的问题。

顺便说一下，遇到这种情况，经验不足的老师会倾向于将问题归咎为"妈妈对孩子干涉过多"，但是解决不了问题，反而会使事态更加恶化。

第二阶段，父母需要做的是，对孩子的行为采取"好的行为就继续下去，不好的行为就放弃"的方式。首先，请父母写出和孩子相处的场景；其次，写出在这些场景里，孩子会做出哪些行为，那么家长试着改变这些行为。等到下次老师和家长面谈的时候，请家长说明孩子的哪些行为有明显的改变。

从父母的角度来看，如果自己的行为突然遭到他人的否定，没有人会觉得舒服。父母应该会赞同"好的行为就继续下去，不好的行为就放弃"这一原则，每位父母都应该根据这项原则调整自己的行为。

因此，父母能够从旁观的角度了解自己的行为，他们的实际行为也会发生改变，最终实现认知重建。这个方法也适用于正处于叛逆期的孩子。

总之，孩子的大多数问题，都是因为他们对父母的依赖性太强。几乎所有的例子都说明，孩子希望家人能够提供更多的帮助，结果他们对实际获得的帮助不满，因此陷入了恶性循环。

我们必须让孩子们养成自主做决定的习惯，父母必须要俯瞰地审视自己的行为。将自己的行为写在纸上，用客观的标准审视自己的教养方法，即使是不擅长元认知的人也能够轻松掌握。

后记

运用元认知营造的心理安全感

最近，我为老师开设了提升元认知能力的工作室。工作室的研究主题是心理安全感。我希望老师们对"哪些事物能让你感到心理有安全感"进行元认知练习。

工作室活动伊始，我提出了一个问题，那就是老师如何拥有一个容易创造心理安全感的大脑，并围绕此问题展开讨论。开展了几期活动后，效果显著。现在我们正在以孩子或是亲子为对象进行探讨。我把其中一部分成果公布出来，希望大家在家庭和职场中实践。（其他的有效方法，除了关注压力以外，还有为了成长所付出的努力等，如果你感兴趣，请参考《快乐的压力》这本书。）

STEP ① 写出让自己有心理安全感的事情

请写出 40 个可以让自己感到平静（或者给自己带来平静）的物品、事物、场所、情况、时间等。如果只有两三个，很容易写出来；但如果一次就写出 40 个，就没那么简单了。

这时我们需要努力回顾自己的日常生活和过去的经历。能让我们平静的可能是夕阳，可能是一首歌，也可能是早晨走出家门呼吸到的新鲜空气。可以让自己感到平静的事情明明如此之多，但是很多人都不会留意，所以这才是回顾日常生活的意义。

最少要进行 40 分钟的回顾，如果时间宽裕，也可以限定在 1 小时之内。

STEP ② 打出相对的分数

写完 40 个项目之后，按照两个标准，对所有项目打分数。

第一个标准是"强度"，对于所写下的项目，以"能让人平静到什么程度"为标准，以 10 分为满分，分成 10 个等级评分。这时你要注意的是，不要因为哪一项只有 1 分、2 分就认为该项目的价值低。我们应该注意到这些项目所带来的心理安全状态，这才是最重要的。

第二个标准是"简便性"，就是该项目的亲和力，分为 5 个等级打分数。比如，有的人住温泉旅馆会觉得平静，但一年才去几次，这种情况，可以评为 1 分或 2 分。如果看到孩子熟睡的样子，或是喝咖啡就能感到平静，由于每天都会接触到，所以可以评为 5 分。

STEP ③ 填写表格

将"强度"和"简便性"这两项绘制成表格，然后我们把能让自己感到平静的 40 个项目全部填写在上面。这会占据很多空间，所以最好用一张大的白纸或白板来填写。

虽然这项工作需要花不少时间，但非常重要，因为它可以在大脑中输入信息，即"这些事情更容易让自己获得心理安全感"。

填写这些信息的技巧，就是饱含感情地写下每个项目。

"当时这个风景真的很治愈我啊！"

"当初买这个东西的时候，真的好开心啊！"

像这样，一边提取过去的记忆，一边写出来，我们可以在情感记忆的帮助下，留下深刻的印象。如果你擅长绘画，你可以在写出来的同时，添加简单的插画，就更容易加深记忆。

STEP ④ 找出相关模式

在填写完成后，你可以观察写出的内容，将自己发现的问题表达出来。

我们可能会发现，写出的内容有各种倾向，比如"都是高强度的事情""与视觉相关的内容有很多""很多内容要依靠别人完成""都是食物""很少有轻易达成的事情"。

这便是元认知的模式，即以俯瞰性的视角看待自己，了解自己。

STEP ⑤ 分享

可能有人会认为，只要在 STEP ④自我认识结束之后便会产生效果，但是我会更加重视接下来的分享。

通常，我会举办两三次分享会，通过分组的方式，向大家讲解自己对元认知的认知，然后从小组成员那里获得相应的反馈。当然，对于成员们的讲解，我也会积极进行反馈。

在进行几次分享讨论后，我们的大脑就会产生相应的记忆。如果这时我们得到类似"你的见解非常独特""你的理解很到位"等的反馈，那么我们在得到别人客观评价的同时，也会在自己的脑海中留下深刻的印象，最终更加深入地了解自己。

为了让印象更深刻，最理想的方法是在一周或一个月后再次回顾。一旦了解自己的行为模式，就会建立意识接收模式。我们在分享讨论中了解他人的模式，很多时候可以获得新的认知。

青砥瑞人

用脑科学重新审视教育的本质

感谢您阅读本书。

从与青砥先生相遇并着手准备研讨会，大约过了 3 年的时间，从首次将全国（在日本范围内）各地众多人士聚集起来开展研讨会，大约过了两年的时间，这几年我们强烈地感受到大人应该在孩子的成长过程中扮演"帮助的角色"。我们总是忘记，学校的主角始终应该是学生。但是，放眼望去，现在的学校似乎依然是以老师为主角的。

现在全国的学校都致力于培养优秀的老师，频繁开展各种旨在提升授课能力的研讨会。虽然老师的授课能力更加精进，可即使磨炼到极致，学生还是会有所不满，会觉得"那个老师很好""这个老师不好"。这种做法不仅无法确保孩子们有心理安全感，无法提升孩子们的元认知能力，而且无法促进孩子们的自律性的养成。

老师也深刻地感受到，回归教育本质，进行元认知训练的重要性。

通过另一个研讨会，我感受到学校运营多样化的重要性。其实，这个研讨会一直在招募普通人参与，仅允许老师参加的研讨会，未免会出现一些偏见。老师受传统教育的影响，不愿意轻易否定自己的经验。比如，老师会有"自己今天的成功，多亏了学生时代那位老师的教育"等想法。我发现，在这种想法下，无法探讨教育原本的状态。

接受过去教育方式的普通人和接受现在教育方式的父母，他们都参加了研讨会，使得难以发觉的问题，被渐渐地发现，浮现在我们眼前。这让我们开始意识到，应该听取多方意见去经营学校。

我从 2020 年 4 月起，担任私立横滨创英中学·高中的校长，并开始推动像在麹町中学工作时那样大规模的学校改革。在改革工作的关键阶段，我一直在思考构筑一个框架，使家长和其他人也参与到学校的日常运营中。

在这里，请允许我分享个人的故事。

我有一个孙女，因为我的两个孩子全是男孩，所以孙女的出生，是我第一次养育女孩，对此，我饶有兴趣地观察别人如何养育女孩。一开始，孙女有些胆怯，就算把玩具放到她眼前，她也只会拿那些看上去好玩的，除此之外，不敢拿其他玩具。但是随着成长，她可能对这个世界产生了兴趣，她会不断地挑战新事物。她会感到焦躁，也会哭泣、大笑、吃惊，她不断变化成长的样子真是有趣。

不过，对于儿子、儿媳来说，心态就有所不同了。他们不能像我和妻子那样乐在其中，他们有时会事先预测孙女的未来成长，并且会下意识地帮助她。

现在是信息化社会，只要在网上查询，就会找到很多教育孩子的经验。比如，不要将孩子和别人比较，不过也会出现一些无效的教育方法，让人产生不必要的担忧。

当孩子需要帮助时大人就伸出援手，不需要的时候大人就默默地陪伴。但是，为什么大人觉得帮助孩子，就是对孩子好呢？我一边观察儿子、儿媳对孙女的教育方式，一边再次感受到让孩子发挥自身主动性的难度和重要性，因此撰写了本书。

　　至于本书的主题"心理安全感""元认知能力"，要理解它们并不难，而且除了学校制度的内容以外，其他方面都可以亲身实践。特别是"三句箴言"，我相信你可以立即实践。

　　我知道，最难的就是付诸实践。

　　可能很多人对如何教育孩子感到不安，觉得"虽然我明白道理，但是能否将其用在孩子身上呢"，甚至有的人由于实践失败而产生了悲观情绪。

　　正如本书多次提到的那样，反省和自我否定不会创造任何价值。不过，这世上本来就不存在完美的教育者和完美的父母。若将无法到达的地方设定为自己的目标，那便是自我消耗，这是最浪费精力的事情。

　　最重要的是，肯定现在的自己，然后专注于眼下自己能做到的事情，慢慢地让自己成长起来。

　　当我们被教育和育儿所困的时候，不断地提醒自己"别人肯定也会因为这些事烦恼"，面对现实，可能会更好。

　　在本书的最后，我再次深深感受到"邂逅"的不可思议。不仅是我，相信很多人的人生转机或是成长，都存在偶然的因素。

2020 年 2 月 26 日，我们在文部科学省讲堂召开研究发表会。将我这 3 年来不断进行的相关研究跟与会人员分享。在研究发表会上，聚集了以大阪市立大空小学首任校长木村泰子老师为首的众多与会人员。

我们希望能够用脑神经科学的最新研究，重新审视经验主义、结果主义对教育所存在的各种问题的影响。研究伊始，的确有人对学校教育存在的这些问题感到愤怒。但是，随着研究的推进，与会人员开始注意到，这项研究其实是针对我们自己的，这也是研究主题集中在"心理安全感"和"元认知能力"上的原因。通过现场研究，与会人员深切地感受到，"心理安全感"可以提升讨论的质量。另外，我们需要提升对自己的肯定感，以及从别人的视角来重新审视自己的行为，最终提升自己的元认知能力。

与日新月异的脑神经科学的发展相比，我们的研究只触及了一部分。然而，这已足够重新审视教育。脑神经科学在全球企业人才培养和学校教育方面发挥了重要作用。我强烈希望，学校教育也能够进行相关的实践研究，并希望我的研究能够为此起到参考作用。

在 2020 年 2 月 26 日举行的研究发表会上公布的研究成果，虽然是从麴町中学这样一所公立学校里，进行延伸性实践研究得到的，但是其研究意义获得了充分认可，并且文部科学省将其讲堂的场地借给我们，这是意料之外的事情。虽然由于新冠肺炎疫情恶化，这次研究不得已停办，但是我们首次举行了线上研究会，我认为这是一个奇迹。回过头来看，研究会没有丰厚的预算，幸好有众多志愿者的加入才得以举行。在此，我郑重地向所有提供帮助的人们表示谢意。

工藤勇一

2021 年 4 月

图书在版编目（CIP）数据

脑科学教养法 / (日) 工藤勇一, (日) 青砥瑞人著；
陈强译. —— 北京：北京日报出版社, 2023.4
  ISBN 978-7-5477-4478-9

Ⅰ.①脑… Ⅱ.①工… ②青… ③陈… Ⅲ.①脑科学
②儿童教育 – 研究 Ⅳ.①Q983②G610

中国国家版本馆CIP数据核字(2023)第016597号

北京版权保护中心外国图书合同登记号：01-2023-0319

脑科学教养法

责任编辑：王子红
作　　者：[日] 工藤勇一　 [日] 青砥瑞人
译　　者：陈 强
监　　制：黄 利　万 夏
特约编辑：张久越　胡 杨
营销支持：曹莉丽
版权支持：王福娇
装帧设计：紫图装帧
出版发行：北京日报出版社
地　　址：北京市东城区东单三条8-16号东方广场东配楼四层
邮　　编：100005
电　　话：发行部：(010) 65255876
　　　　　总编室：(010) 65252135
印　　刷：艺堂印刷（天津）有限公司
经　　销：各地新华书店
版　　次：2023年4月第1版
　　　　　2023年4月第1次印刷
开　　本：880毫米×1230毫米　1/32
印　　张：7.25
字　　数：125千字
定　　价：55.00元